高等院校数字艺术精品课程系列教材

全彩慕课版

Photoshop CC
移动UI设计案例教程 第2版

刘军伟 孙杨高 邢亚男 主编／徐健 张耀尹 罗静 副主编

人民邮电出版社

北 京

图书在版编目（ＣＩＰ）数据

Photoshop CC 移动UI设计案例教程：全彩慕课版 /
刘军伟, 孙杨高, 邢亚男主编. -- 2版. -- 北京：人民
邮电出版社, 2024.9
高等院校数字艺术精品课程系列教材
ISBN 978-7-115-64433-6

Ⅰ．①P… Ⅱ．①刘… ②孙… ③邢… Ⅲ．①移动终
端－应用程序－程序设计－高等学校－教材②图像处理软
件－高等学校－教材 Ⅳ．①TN929.53②TP391.413

中国国家版本馆CIP数据核字(2024)第095986号

内 容 提 要

　　本书全面、系统地介绍移动 UI 设计的相关知识，具体包括初识移动 UI 设计、移动 UI 设计规范、iOS 界面设计、Android 系统界面设计和 App 界面设计实战等内容。

　　本书以课堂案例为主线，通过案例操作，学生能够尽快熟悉移动 UI 设计的思路与流程。书中的知识讲解部分用于帮助学生了解移动 UI 设计的各类规范；课堂练习和课后习题部分用于提高学生的实际应用能力，拓宽学生的设计思路；设计实战部分用于帮助学生综合运用所学知识，顺利达到移动 UI 设计实战水平。

　　本书适合作为高等职业院校数字媒体类专业移动 UI 设计课程的教材，也可作为移动 UI 设计初学者的参考书。

◆ 主　　编　刘军伟　孙杨高　邢亚男
　　副 主 编　徐　健　张耀尹　罗　静
　　责任编辑　王亚娜
　　责任印制　王　郁　焦志炜
◆ 人民邮电出版社出版发行　　北京市丰台区成寿寺路 11 号
　　邮编　100164　电子邮件　315@ptpress.com.cn
　　网址　https://www.ptpress.com.cn
　　优奇仕印刷河北有限公司印刷
◆ 开本：787×1092　1/16
　　印张：14.25　　　　　　　　　　　2024 年 9 月第 2 版
　　字数：382 千字　　　　　　　　　2024 年 9 月河北第 1 次印刷

定价：79.80 元

读者服务热线：(010)81055256　印装质量热线：(010)81055316
反盗版热线：(010)81055315
广告经营许可证：京东市监广登字 20170147 号

前 言

本书全面贯彻党的二十大精神，以社会主义核心价值观为引领，传承中华优秀传统文化，坚定文化自信。为使本书内容更好地体现时代性、把握规律性、富于创造性，编者对本书进行了精心的设计。

如何使用本书

第1步，学习基础知识，快速了解移动 UI 设计。

熟悉操作平台

了解设计特点

认识常用软件

第2步，练习课堂案例，熟悉设计流程，掌握制作方法。

5.7 课堂案例——制作"三餐"美食 App

了解学习目标和知识要点

【案例学习目标】学习使用"形状工具""文字工具""置入嵌入对象"命令、"创建剪贴蒙版"命令和"添加图层样式"按钮制作"三餐"美食 App 界面。

【案例知识要点】使用"矩形工具""椭圆工具""直线工具"绘制形状，使用"置入嵌入对象"命令置入图片和图标，使用"创建剪贴蒙版"命令调整图片显示区域，使用"描边""投影""渐变叠加"命令添加效果，使用"属性"面板制作弥散投影，使用"横排文字工具"输入文字，效果如图 5-15 所示。

【效果所在位置】云盘 >Ch05> 制作"三餐"美食 App。

制作"三餐"美食 App 1 | 制作"三餐"美食 App 2 | 制作"三餐"美食 App 3 | 制作"三餐"美食 App 4-1 | 美食 App 4-2 | 制作"三餐"美食 App 5-1 | 制作"三餐"美食 App 5-2 | 制作"三餐"美食 App 6

扫码观看案例详细步骤

精选典型
商业案例

图 5-15

1. 制作"三餐"美食 App 闪屏页

步骤详解

（1）按"Ctrl+N"组合键，弹出"新建文档"对话框，将"宽度"设为 786 像素，"高度"设为 1704 像素，"分辨率"设为 72 像素 / 英寸，"背景内容"设为白色，如图 5-16 所示。单击"创建"按钮，完成文档新建。

（2）选择"文件 > 置入嵌入对象"命令，弹出"置入嵌入的对象"对话框。选择云盘中的"Ch05 > 制作'三餐'美食 App > 制作'三餐'美食 App 闪屏页 > 素材 > 01"文件，单击"置入"按钮，将图片置入图像窗口中，按"Enter"键确认操作，在"图层"控制面板中生成新的图层并将其命名为"背景图"。

（3）选择"视图 > 新建参考线版面"命令，弹出"新建参考线版面"对话框，具体设置如图 5-17 所示。单击"确定"按钮，完成参考线版面的创建，效果如图 5-18 所示。

第 3 步，完成课堂练习 + 课后习题，提高实际应用能力。

5.8　课堂练习——制作"侃侃"社交 App

【练习知识要点】使用"矩形工具""椭圆工具""直线工具"绘制形状，使用"置入嵌入对象"命令置入图片和图标，使用"创建剪贴蒙版"命令调整图片显示区域，使用"颜色叠加"命令和"渐变叠加"命令添加效果，使用"属性"面板制作弥散投影，使用"横排文字工具"输入文字，效果如图 5-341 所示。

【效果所在位置】云盘 >Ch05> 制作"侃侃"社交 App。

更多商业
案例

5.9　课后习题——制作"潮货"电商 App

巩固本章
所学知识

【习题知识要点】使用"矩形工具""椭圆工具""直线工具"绘制形状，使用"置入嵌入对象"命令置入图片和图标，使用"创建剪贴蒙版"命令调整图片显示区域，使用"颜色叠加"命令和"渐变叠加"命令添加效果，使用"属性"面板制作弥散投影，使用"横排文字工具"输入文字，效果如图 5-342 所示。

【效果所在位置】云盘 >Ch05> 制作"潮货"电商 App。

前 言

第4步，演练设计实战，学以致用，拓宽商业设计思路。

Photoshop

配套资源

- 书中所有案例的素材文件及最终效果文件。
- 全书 5 章 PPT 课件。
- 教学大纲。
- 配套教案。

读者可登录人邮教育社区(www.ryjiaoyu.com),搜索本书书名,在本书页面中免费下载配套资源。

访问人邮学院网站(www.rymooc.com)或扫描封底的二维码,使用手机号码完成注册并登录,在首页右上角单击"学习卡",输入封底刮刮卡中的激活码,即可在线观看本书慕课视频。

教学指导

本书的参考学时为 64 学时,其中实训环节为 32 学时,各章的参考学时参见下面的学时分配表。

章	内 容	学时分配	
		讲授	实训
第 1 章	初识移动 UI 设计	4	—
第 2 章	移动 UI 设计规范	4	—
第 3 章	iOS 界面设计	8	8
第 4 章	Android 系统界面设计	8	8
第 5 章	App 界面设计实战	8	16
学时总计		32	32

由于编者水平有限,书中难免存在不足之处,敬请广大读者批评指正。

编者

2024 年 4 月

目 录

Photoshop

─04─

第 4 章 Android 系统界面设计

目录

05

第 5 章　App 界面设计实战

扩展知识扫码阅读

设计基础

✔认识形体　　✔透视原理

✔认识设计　　✔认识构成

✔形式美法则　✔点线面

✔基本型与骨骼　✔认识色彩

✔认识图案　　✔图形创意

✔版式设计　　✔字体设计

>>>

设计应用

✔创意绘画　　✔图标设计

✔装饰设计　　✔VI设计

✔UI设计　　✔UI动效设计

✔标志设计　　✔包装设计

✔广告设计　　✔文创设计

✔网页设计　　✔H5页面设计

✔电商设计　　✔MG动画设计

✔网店美工设计　✔新媒体美工设计

第1章

初识移动 UI 设计

微课

第 1 章简介

▶ 本章介绍

本章首先介绍移动 UI 设计的相关概念，然后对移动 UI 设计的操作平台、特点、常用软件及流程进行讲解。通过本章的学习，读者可以对移动 UI 设计有系统的认识，为后续进行深入学习奠定基础。

学习引导

知识目标	素养目标
• 熟悉移动 UI 设计的相关概念 • 熟悉移动 UI 设计的操作平台 • 了解移动 UI 设计的特点 • 熟悉移动 UI 设计的流程 • 认识移动 UI 设计的常用软件	• 培养对移动 UI 设计的兴趣 • 提高信息获取能力 • 提高自学能力

1.1 | 移动 UI 设计的相关概念

移动 UI 设计是 UI 设计的一个分支，想要系统、全面地认识移动 UI 设计，需要对 UI 设计的概念、移动 UI 设计的概念、App 的概念进行学习。

1.1.1 UI 设计的概念

用户界面（User Interface，UI）设计是指对软件的人机交互、操作逻辑、界面美观的整体设计。优秀的 UI 设计不仅要保证界面美观，更要保证交互设计的可用性强、用户体验的友好度高，如图 1-1 所示。

图 1-1

1.1.2 移动 UI 设计的概念

移动 UI 设计是 UI 设计的一个分支，主要是指针对移动设备软件的交互操作逻辑、用户情感化体验、界面元素的整体设计。移动 UI 设计因载体的独特性，较其他类型的 UI 设计具有更严格的尺寸要求及手机系统限制。图 1-2 所示分别为 App 界面、微信小程序界面和 H5 界面。

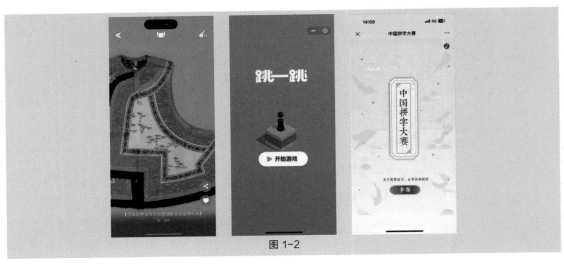

图 1-2

1.1.3 App 的概念

App 是应用程序（Application）的缩写，一般指智能手机的应用程序。图 1-3 所示为 App 界面范例。用户主要从应用商店下载 App，如苹果公司的 App Store 等。

图 1-3

1.2 移动 UI 设计的操作平台

应用程序的运行与操作平台密不可分，目前市场上主要的智能手机的操作平台有苹果公司的 iOS 和谷歌公司的 Android 系统。对 UI 设计师而言，要进行移动 UI 设计工作，需要分别学习两种系统的 UI 设计知识。

1.2.1 iOS 平台

iOS 是由苹果公司开发，专门用于苹果移动设备的操作系统，如图 1-4 所示。截至 2023 年，iOS 已经更新到了 iOS 17，随着版本更新，iOS 为用户带来了全新的体验。对 UI 设计师而言，需要不断进行 iOS 设计规范相关知识的更新。

图 1-4

1.2.2 Android 系统平台

Android 系统是由安迪·鲁宾（Andy Rubin）开发的。2008 年 10 月，第一款 Android 系统的智能手机发布。2014 年，谷歌公司推出全新的设计语言——Material Design，旨在规范 Android 系统的设计。图 1-5 所示为 Android 系统界面范例。

图 1-5

1.3 移动 UI 设计的特点

移动 UI 设计的特点具体可以总结为设计极简、交互丰富以及设计适配 3 个方面。

1. 设计极简

随着全面屏手机的发行，移动设备的屏幕较之前在尺寸上有了较大的增加，但元素的设计不宜太过复杂，否则不利于信息的传递。纵观移动 UI 设计的发展，设计风格从拟物化向扁平化发展，甚至为了更好地进行信息展示，已有"大而粗、简而美"发展趋势，如图 1-6 所示。

2. 交互丰富

2007 年 1 月，苹果公司发布了第一代 iPhone，移动设备逐步进入智能化时代。智能化的移动设备较之前的传统手机拥有更加友好的用户体验，这源于它的多点触摸屏和传感器。由此造就了手势交互、语音交互、重力感应交互等一系列更加丰富的交互方式，通过点击、滑动等操作即可实现目标，如图 1-7 所示。因此，UI 设计师在进行移动 UI 设计时应充分考虑人机交互的形式，提高用户参与产品使用的积极性，同时还要注意交互过程的简洁，方便用户顺利达成目标。

图 1-6　　　　　　　　　　　　　　　图 1-7

3. 设计适配

由于现有的智能手机、平板电脑型号多样，UI 设计师在进行设计时，应充分考虑文字、图标、图像甚至界面布局等适配的问题。就移动应用来说，UI 设计师通常会选用一款常用的、方便适配的屏幕尺寸进行设计，而后不必再大规模对其他尺寸屏幕的界面进行重新布局，只需针对不同屏幕尺寸进行切图输出，然后交由技术人员进行适配即可，不同尺寸的屏幕如图 1-8 所示。

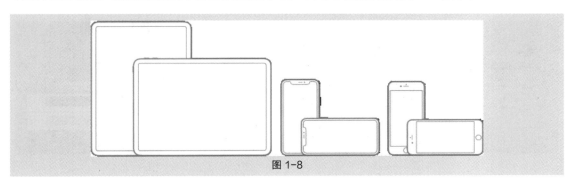

图 1-8

1.4　移动 UI 设计的常用软件

移动 UI 设计的常用软件可以分为界面设计、动效设计、网页设计、三维渲染、思维导图设计和交互原型设计 6 种类型。

1.4.1　界面设计类软件

1. Photoshop

Photoshop 是由 Adobe 公司开发的图像处理软件。Adobe 公司官方网站中的 Photoshop 新功能介绍如图 1-9 所示。在 Sketch 出现之前，Photoshop 是大部分 UI 设计师进行界面设计的首选工具。

2. Sketch

Sketch 是基于 macOS 的一款专业 UI 制作工具，如图 1-10 所示。相较于 Photoshop，它是一款可以迅速上手的轻量级矢量设计工具。它不仅受到 UI 设计师的青睐，产品经理和前端开发人员也能迅速熟悉其操作，这减少了在沟通合作中可能出现的误解和障碍。

图 1-9　　　　　　　　　　　　　　图 1-10

3. Illustrator

Illustrator 是由 Adobe 公司开发的矢量图形处理软件，如图 1-11 所示。Illustrator 在 UI 设计中除了被广泛应用于插画设计，在图标制作中也显示了出色的性能。

4. Experience Design

Experience Design 是由 Adobe 公司开发的集设计和交互于一体的 UI 设计软件，如图 1-12 所示。Experience Design 的简洁性弥补了 Photoshop 在制作 UI 方面显得"臃肿"的不足，同时它免费并兼容 Windows 和 macOS 双平台的特点是 Sketch 无法比拟的。

图 1-11　　　　　　　　　　　　　　图 1-12

1.4.2　动效设计类软件

1. After Effects

After Effects 是由 Adobe 公司开发的图形视频处理软件，如图 1-13 所示。丰富的插件和强大的表达式使 After Effects 制作出来的动效美观且引人入胜。

2. Principle

Principle 是基于 macOS 的一款专业动效制作工具，如图 1-14 所示。相较于 After Effects 性能综合、体量较大，其优势在于上手容易、操作简单，而且它还支持在计算机上实时预览，并支持在手机上进行交互，而 After Effects 只能导出 GIF 动画和 MP4 视频，无法与手机交互。

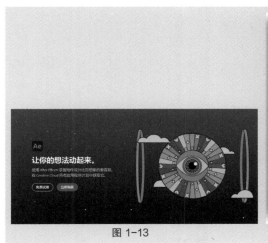

图 1-13

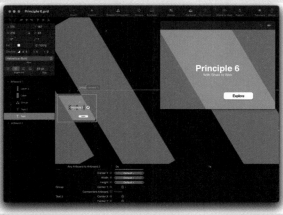

图 1-14

1.4.3　网页设计类软件

　　Dreamweaver 是由 Macromedia 公司开发的软件，如图 1-15 所示。它是一款集网页制作和网站管理于一身的网页代码编辑器，拥有"所见即所得"的功能特点。

图 1-15

1.4.4　三维渲染类软件

　　Cinema 4D 是 Maxon 公司开发的一款能够进行顶级建模、动画制作和渲染的三维动画软件，如图 1-16 所示。该软件本身的功能非常强大，而且能和 Photoshop、Allustrator、After Effects 等软件进行无缝结合，近年来受到 UI 设计师的喜爱。通过 Cinema 4D 设计出来的作品被广泛运用到 Banner、专题页及活动页等。

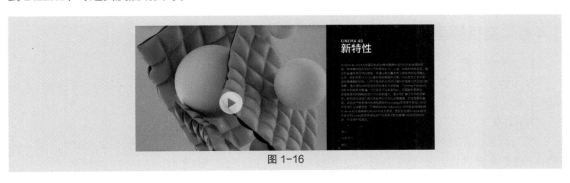

图 1-16

1.4.5　思维导图设计类软件

1. MindManager

MindManager 是由 Mindjet 公司开发的软件，如图 1-17 所示。它不仅可以用于设计思维导图，还可以进行项目管理。

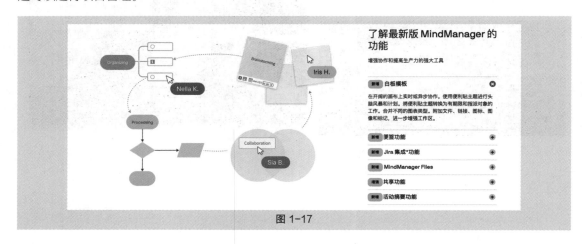

图 1-17

2. XMind

XMind 的功能和 MindManager 相似，它也是一款非常实用的商业思维导图设计软件，如图 1-18 所示。思维导图设计类软件应用于 UI 设计时没有太大的区别，设计师可根据个人喜好来选用。

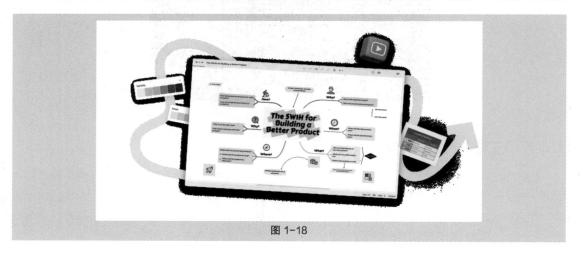

图 1-18

1.4.6　交互原型设计类软件

1. Axure RP

Axure RP 是一款专业的原型设计工具，如图 1-19 所示。Axure PR 10.0 对设计架构进行了颠覆式的更新，令其使用效率大幅提高，用户体验显著提升。

2. 墨刀

墨刀是国内开发的一款在线原型设计工具，如图 1-20 所示。墨刀 V3 进行了全面更新，除了品牌和组件的升级优化，还支持 Sketch 文件的导入并添加了工作流的功能，功能更加全面。

图 1-19

图 1-20

1.5 移动 UI 设计的流程

移动 UI 设计的流程包括分析调研、交互设计、交互自查、界面设计、界面测试、设计验证等环节，如图 1-21 所示。

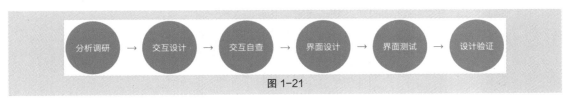

图 1-21

下面以 App 界面设计为例，介绍移动 UI 设计的常见流程。

1.5.1　分析调研

App 设计需要根据品牌的调性、产品的定位来进行。定位不同的 App，设计风格也会有区别。图 1-22 所示为 3 款旅游类 App 界面。这 3 款 App 虽然同是旅游类产品，但设计风格也有差异。因此在设计 App 界面前，要先分析客户需求，了解用户特征，并进行相关竞品的调研，明确设计方向。

图 1-22

1.5.2　交互设计

交互设计是对 App 设计进行初步构思和确认的环节，一般需要进行纸面原型设计、架构设计、流程图设计、线框图设计等具体工作，如图 1-23 所示。

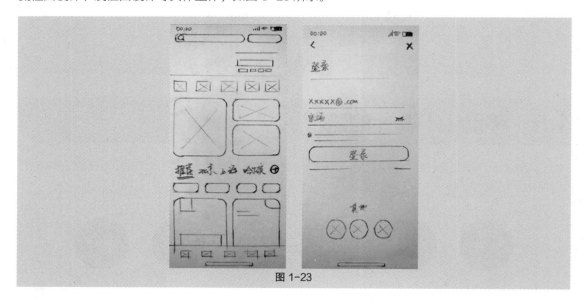

图 1-23

1.5.3　交互自查

交互自查是 App 设计流程中非常重要的一个环节，可以在执行界面设计之前检查出是否有遗漏的细节问题，如图 1-24 所示。

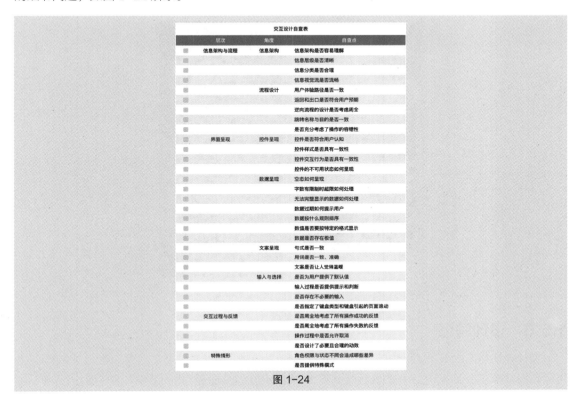

图 1-24

1.5.4　界面设计

原型图审查通过后，即可进入界面的视觉设计阶段，该阶段的设计图即产品最终呈现给用户的界面。界面设计要求尺寸规范，内容真实，并运用墨刀、Principle 等软件制作成可交互的高保真原型以进行后续的界面测试，如图 1-25 所示。

图 1-25

1.5.5　界面测试

界面测试是指让具有代表性的用户进行典型操作，设计人员和开发人员共同观察、记录，如图 1-26 所示。在界面测试中可以对设计的细节进行调整。

图 1-26

1.5.6　设计验证

设计验证是指产品正式上线后，通过用户反馈的数据验证前期的设计，并加以优化，如图 1-27 所示。设计验证是移动 UI 设计的最后一个环节，也是对 App 进行优化的重要支撑环节。

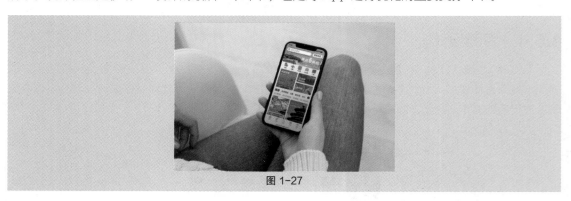

图 1-27

02

第 2 章
移动 UI 设计规范

▶ 本章介绍

在移动 UI 设计中，设计规范能起到保证视觉统一性、提升项目工作效率、完善设计细节等诸多作用。本章主要对 iOS 及 Android 系统的基础设计规范进行讲解。通过本章的学习，读者可以对移动 UI 设计规范有基本的认识，这有助于读者日后高效地进行移动 UI 设计。

学习引导

知识目标	能力目标
• 了解移动 UI 设计的设计单位 • 了解移动 UI 设计的基本布局 • 熟悉移动 UI 设计的文字规范 • 熟悉移动 UI 设计的图标规范	• 能够熟练搭建移动 UI 的网格系统 • 能够熟练设置移动 UI 的字号 • 能够适配移动 UI 至不同设备

素养目标
• 培养设计规范意识 • 培养夯实基础的学习习惯

2.1 iOS 设计规范

下面对 iOS 设计规范从设计单位及尺寸、界面结构、基本布局、字体规范和图标规范 5 个方面进行详细介绍。

2.1.1 iOS 设计单位及尺寸

1. 相关单位

- 像素密度

像素密度（Pixels Per Inch，PPI）是屏幕分辨率单位，表示的是每英寸（1 英寸 ≈ 2.54 厘米）所拥有的像素数量。图 2-1 所示为 PPI 的计算公式（x、y 分别为横向、纵向的像素数）。像素密度越大，画面越细腻。因此，虽然 iPhone 4 的屏幕尺寸与 iPhone 3GS 相同，但 iPhone 4 的实际像素密度大了一倍，清晰度自然更高。

- 比例因子

比例因子通常指屏幕的缩放比例。标准分辨率显示器的比例因子为 1.0，用 @1x 表示；高分辨率显示器的比例因子为 2.0 或 3.0，分别用 @2x 和 @3x 表示。例如，一个 10px×10px 的标准分辨率（@1x）图像的 @2x 版本为 20px×20px，@3x 版本为 30px×30px，如图 2-2 所示。

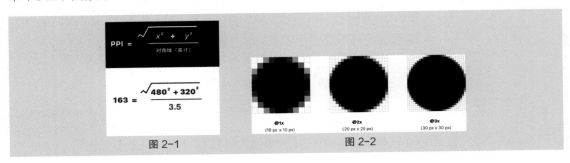

图 2-1　　　　　　　　　　　　　　图 2-2

- 物理像素、渲染像素和逻辑像素

物理像素（Physical Pixel），单位"像素"（pixel，px），是指移动设备的实际像素。渲染像素（Rendering Pixel）可以理解为手机截屏时所得到的图片尺寸。渲染像素和屏幕的物理像素通常会保持一致，例如 iPhone 14 Pro/15/15 Pro 的物理像素和渲染像素都是 1179px×2556px。但也有例外，其中 iPhone 8 Plus 系列和 iPhone 12 mini 的物理像素和渲染像素并不一致，如图 2-3 所示。使用 Photoshop 的 UI 设计师可根据渲染像素进行界面设计。

图 2-3

逻辑像素（Logic Pixel），单位为"点"（point，pt），是根据内容尺寸计算的单位。iOS 开发工程师和使用 Sketch 的 UI 设计师使用的单位都是 pt。

例如，iPhone 14 Pro/15/15 Pro 的逻辑像素是 393pt×852pt，由于 1pt=3px，因此 iPhone 14 Pro/15/15 Pro 的渲染像素是 1179px×2556px，如图 2-4 所示。

图 2-4

2. 设计尺寸

图 2-5 所示为一些 iOS 设备的尺寸。在进行 UI 设计时，为了适配大部分设备，推荐以 iPhone 14 Pro/15/15 Pro 为基准。如果使用 Photoshop 就创建 786px×1704px 的画布，如果使用 Sketch 就创建 393pt×852pt 的画布。

设备名称	屏幕尺寸/英寸	PPI	Asset	竖屏点/pt	竖屏分辨率/px
iphone 14 Pro Max / 15+ / 15 Pro Max	6.7	460	@3x	430 x 932	1290 x 2796
iPhone 14 Pro / 15 / 15 Pro	6.1	460	@3x	393 x 852	1179 x 2556
iPhone 12 Pro Max / 14+ / 13 Pro Max	6.7	460	@3x	428 x 926	1284 x 2778
iPhone 12 / 12 Pro / 13 / 13 Pro / 14	6.1	460	@3x	390 x 844	1170 x 2532
iPhone 12 / 13 mini	5.4	476	@3x	375 x 812	1125 x 2436
iPhone XS Max / 11 Pro Max	6.5	458	@3x	414 x 896	1242 x 2688
iPhone XR / 11	6.1	326	@2x	414 x 896	828 x 1792
iPhone X / XS / 11 Pro	5.8	458	@3x	375 x 812	1125 x 2436
iPhone 8+ / 7+ / 6s+ / 6+	5.5	401	@3x	414 x 736	1242 x 2208
iPhone 8 / 7 / 6s / 6	4.7	326	@2x	375 x 667	750 x 1334
iPhone SE / 5 / 5S / 5C	4.0	326	@2x	320 x 568	640 x 1136
iPhone 4 / 4S	3.5	326	@2x	320 x 480	640 x 960
iPhone 1 / 3G / 3GS	3.5	163	@1x	320 x 480	320 x 480
iPad Pro 12.9	12.9	264	@2x	1024 x 1366	2048 x 2732
iPad Pro 10.5	10.5	264	@2x	834 x 1112	1668 x 2224
iPad Pro / iPad Air 2 / Retina iPad	9.7	264	@2x	768 x 1024	1536 x 2048
iPhone mini 4 / iPad mini 2	7.9	326	@2x	768 x 1024	1536 x 2048
iPad 1 / 2	9.7	132	@1x	768 x 1024	768 x 1024

图 2-5

2.1.2　iOS 界面结构

iOS 界面通常由状态栏、导航栏、安全设计区以及标签栏 / 工具栏等组成。自全面屏手机上市，iOS 界面较之前还多了虚拟主页键，如图 2-6 所示。

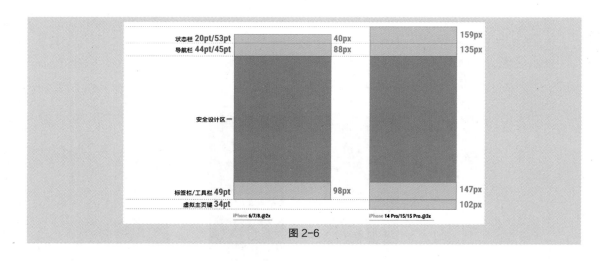

图 2-6

2.1.3 iOS 基本布局

1. 网格系统

网格系统（Grid System）又称为"栅格系统"。在 App 设计中，设计师通常利用一系列垂直和水平的参考线将页面分割成若干个有规律的列或格子，再以这些列或格子为基准，进行页面的布局设计，使布局规范、简洁、有秩序，如图 2-7 所示。

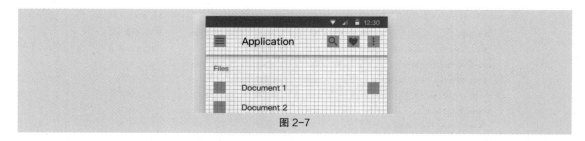

图 2-7

2. 组成元素

网格系统由列（①）、水槽（②）及边距（③）3 种元素组成，如图 2-8 所示。列是放置内容的区域；水槽是列与列之间的区域，用于分离内容；边距是内容与屏幕左右边缘之间的区域。

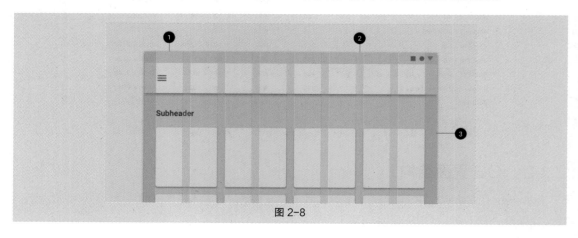

图 2-8

3. 网格运用

- 单元格: iOS的最小点击区域是44pt，即88px（@2x），其最小单元格选用4px或8px都合适。但4px的单元格容易将页面切割得过于细碎，所以比较推荐使用8px的单元格，如图2-9所示。

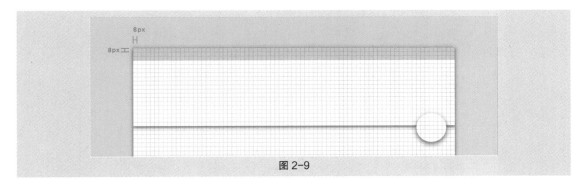

图 2-9

- 列: 列的数量可以是4、6、8、10、12、24等。其中，4列通常在2等分的简洁页面中使用，6、12和24列基本适用于所有等分情况，然而24列会将页面切割得过于细碎，如图2-10所示，因此实际使用中以12列和6列为主。

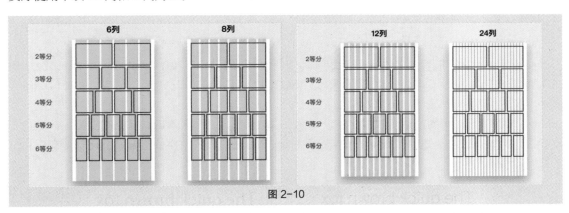

图 2-10

- 水槽: 水槽、边距以及横向间距的宽度可以依照最小单元格的宽度（8px）为增量进行统一设置，如24px、32px、40px等。其中，32px（16pt@2x）最为常用，如图2-11所示。

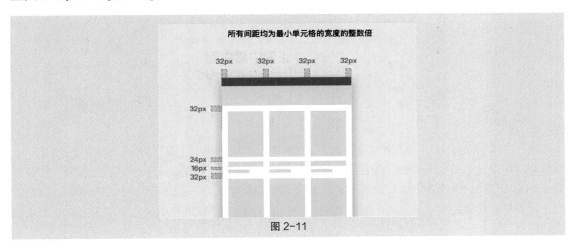

图 2-11

- 边距：边距的宽度也可以与水槽有所区别。在 iOS 中以 @2x 为基准，常见的边距有 20px、24px、30px、32px、40px 及 50px。边距的选择应结合产品本身的气质，其中 30px 的边距令人比较舒适，这也是绝大多数 App 首选的边距。iOS 中的"设置"页面及"通用"页面都采用了 30px 的边距，如图 2-12 所示。

图 2-12

2.1.4　iOS 字体规范

1. 系统字体

- 旧金山字体：旧金山字体是非衬线字体，如图 2-13 所示。旧金山字体有 SF UI Text（文本模式）和 SF UI Display（展示模式）两种尺寸。SF UI Text 适用于小于 19pt 的文字，SF UI Display（展示模式）适用于大于 20pt 的文字。
- 纽约字体：纽约字体是衬线字体，如图 2-14 所示。纽约字体旨在补充旧金山字体。小于 20pt 的文字使用小号，20 ～ 35pt 的文字使用中号，36 ～ 53pt 的文字使用大号，大于或等于 54pt 的文字使用特大号。

The quick brown fox jumped over the lazy dog.

图 2-13

The quick brown fox jumped over the lazy dog.

图 2-14

- 苹方：在 iOS 中，中文使用的是苹方字体，该字体共有 6 种字重，如图 2-15 所示。

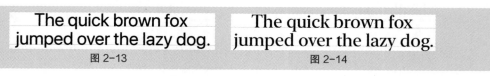

图 2-15

2. 字号

进行 iOS 界面设计时要注意字号的大小，iOS 对于字号的建议（基于 @2x）如图 2-16 所示。苹果官网的建议全部是对英文旧金山字体而言的，中文字体的字号需要 UI 设计师灵活设置，设计师要综合考虑呈现效果的实用性和美观程度。10pt（20px，@2x）是手机上显示的最小字号，一般应用于标签栏的图标底部。为了区分标题和正文，它们的字号差异至少为 4px（2pt，@2x），正文的合适行间距为 1.5 ～ 2 倍。

位置	字体	字重	字号（逻辑像素）	字号（实际像素）	行距	字间距
大标题	San Francisco（简称"SF"）	Regular	34pt	68px	41	+11
标题一	San Francisco（简称"SF"）	Regular	28pt	56px	34	+13
标题二	San Francisco（简称"SF"）	Regular	22pt	44px	28	+16
标题三	San Francisco（简称"SF"）	Regular	20pt	40px	25	+19
头条	San Francisco（简称"SF"）	Semi-Bold	17pt	34px	22	−24
正文	San Francisco（简称"SF"）	Regular	17pt	34px	22	−24
标注	San Francisco（简称"SF"）	Regular	16pt	32px	21	−20
副标题	San Francisco（简称"SF"）	Regular	15pt	30px	20	−16
注解	San Francisco（简称"SF"）	Regular	13pt	26px	18	−6
注释一	San Francisco（简称"SF"）	Regular	12pt	24px	16	0
注释二	San Francisco（简称"SF"）	Regular	11pt	22px	13	+6

iOS对于字号的建议

图 2-16

2.1.5　iOS 图标规范

下面从应用图标和系统图标两个类别对 iOS 图标规范进行详细介绍。

1. 应用图标

• 应用图标的概念：应用图标是应用程序的图标，如图 2-17 所示。应用图标主要应用于主屏幕、App Store、Spotlight 及"设置"页面中。

• 应用图标的设计：在设计应用图标时可以采用 1024px×1024px 的尺寸，并根据 iOS 官方模板进行设计，如图 2-18 所示。正确的应用图标设计稿应是直角矩形形式的，iOS 会自动应用圆角遮罩将应用图标的 4 个角遮住。

图 2-17 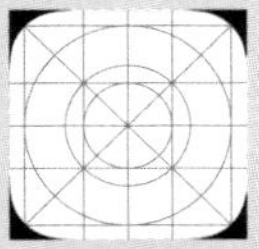　　　　　　　　　　　　　　　　　图 2-18

• 应用图标的适配：应用图标会以不同的分辨率出现在主屏幕、"聚焦"区域、"设置"页面及"通知"区域中，图标尺寸也会根据不同设备的分辨率进行适配。图 2-19 所示为不同 iOS 设备及场景中应用图标的尺寸。

由于屏幕分辨率存在差异且使用场景有所不同，所以 iOS 官方的图标模板中有非常多的应用图标尺寸。UI 设计师只需要设计 1024px×1024px 的应用图标，然后将其置入 Photoshop 的智能对象，或者 Sketch 的 Symbol 中，就可以一次性生成多种尺寸的应用图标。图 2-20 所示为不同尺寸的 iOS 官方模板。

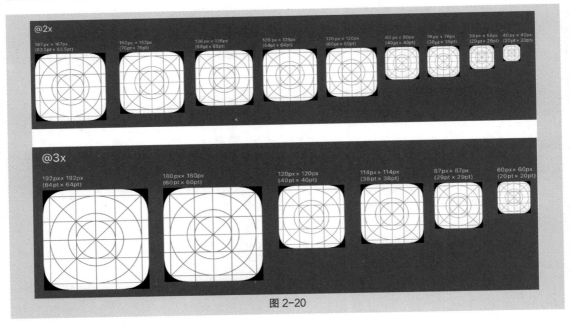

@2x（px）	@3x（px）（仅限 iPhone）	用途
120×120	180×180	iPhone 上的主屏幕
167×167	—	iPad Pro 上的主屏幕
152×152	—	iPad、iPad mini 上的主屏幕
80×80	120×120	iPhone、iPad Pro、iPad、iPad mini 上的"聚焦"区域
58×58	87×87	iPhone、iPad Pro、iPad、iPad mini 上的"设置"页面
76×76	114×114	iPhone、iPad Pro、iPad、iPad mini 上的"通知"区域

图 2-19

图 2-20

2. 系统图标

• 系统图标的概念：系统图标，即界面中的功能图标，主要应用于导航栏、工具栏及标签栏。当未找到满足需求的系统图标时，UI 设计师可以设计自定义图标，如图 2-21 所示。

图 2-21

• 系统图标的设计：导航栏和工具栏上的图标一般是 48px×48px（@2x），设计时会加入一定的边距，变成 56px×56px（@2x），便于切图和提高触控准确率，如图 2-22 所示。

标签栏上的图标一般是 50px×50px（@2x）。苹果公司提供了 4 种不同形状的标签栏图标尺寸供 UI 设计师参考，其意义是让不同外形的图标在同一个标签栏中具有视觉平衡感，图 2-23 所示为标签栏图标尺寸。

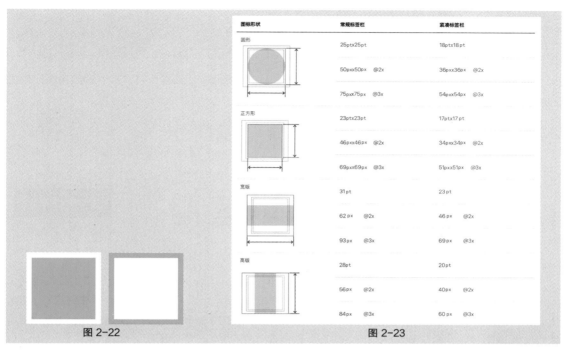

图标形状	常规标签栏	常满标签栏
圆形	25pt×25pt	18pt×18pt
	50px×50px @2x	36px×36px @2x
	75px×75px @3x	54px×54px @3x
正方形	23pt×23pt	17pt×17pt
	46px×46px @2x	34px×34px @2x
	69px×69px @3x	51px×51px @3x
宽版	31pt	23pt
	62px @2x	46px @2x
	93px @3x	69px @3x
高版	28pt	20pt
	56px @2x	40px @2x
	84px @3x	60px @3x

图 2-22   图 2-23

- 系统图标的适配：自定义图标会以不同的分辨率出现在导航栏、工具栏及标签栏中，其尺寸也会根据不同设备的分辨率进行适配，如图 2-24 所示。

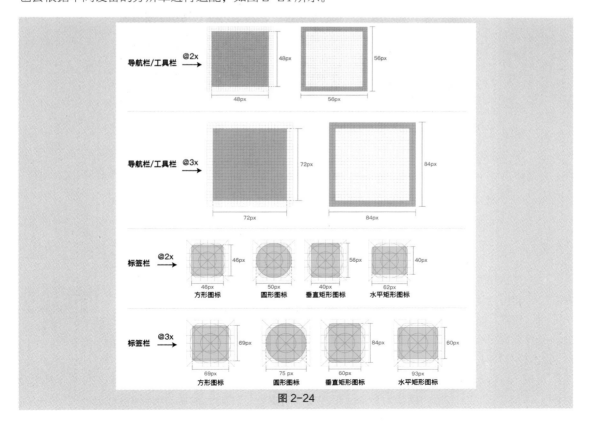

图 2-24

2.2 Android 系统设计规范

下面对 Android 系统设计规范从设计单位及尺寸、界面结构、基本布局、字体规范和图标规范 5 个方面进行详细介绍。

2.2.1 Android 系统设计单位及尺寸

1. 相关单位

• 网点密度

网点密度（Dot Per inch，DPI）表示每英寸打印的点数，在移动设备上等同于像素密度（PPI），如图 2-25 所示。通常 PPI 用于 iOS 手机，DPI 用于 Android 系统手机。

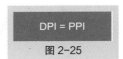

图 2-25

• 独立密度像素与独立缩放像素

独立密度像素（Density-independent Pixel，dp）是 Android 系统设备上的基本单位，等同于 iOS 设备上的 pt。Android 系统开发工程师使用的单位是 dp，所以 UI 设计师进行标注时应将 px 转化成 dp，公式为 dp×（DPI/160）= px。例如，设备的 DPI 为 480，通过公式可得 1dp=3px，运用 mdpi、hdpi、xhdpi、xxhdpi、xxxhdpi 这 5 种格式对应的屏幕分辨率如图 2-26 所示。

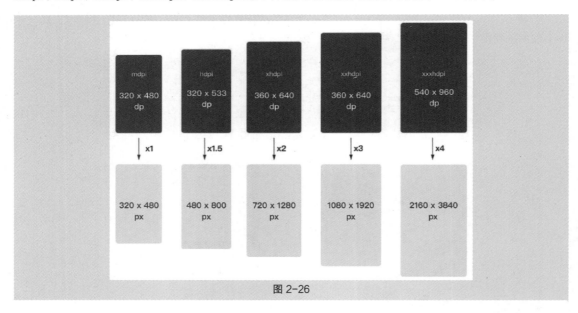

图 2-26

独立缩放像素（Scale-independent Pixel，sp）是 Android 系统设备上的字体单位。Android 系统允许用户自定义文字大小（小、正常、大、超大等），当文字大小是"正常"时，1sp=1dp，如图 2-27 所示；当文字大小是"大"或"超大"时，1sp>1dp。UI 设计师进行 Android 系统界面设计时，标记字体的单位应选用 sp。

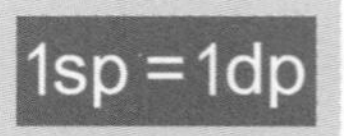

1sp＝1dp

图 2-27

2. 设计尺寸

常见 Android 系统设备的尺寸可以分成大、小两类，如图 2-28 和图 2-29 所示。在进行界面设计时，如果想要适配 iOS，就使用 Photoshop 新建 720px×1280px 或 720px×1600px 的画布；如果想要根据 Material Design 新规范适配 Android 系统，就使用 Photoshop 新建 1080px×1920px 或 1080px×2400px 的画布，使用 Sketch 建立 360dp×640dp 或 360dp×800dp 的画布。其中 1080px×2400px（即 360dp×800dp）的尺寸更符合当下全面屏的设备要求。

名称	像素比	DPI	竖屏点 / dp	竖屏分辨率 / px
xxxhdpi	4.0	640	540 x 960	2160 x 3840
xxhdpi	3.0	480	360 x 640	1080 x 1920
xhdpi	2.0	320	360 x 640	720 x 1280
hdpi	1.5	240	320 x 533	480 x 800
mdpi	1.0	160	320 x 480	320 x 480

图 2-28

名称	像素比	DPI	竖屏点 / dp	竖屏分辨率 / px
xxxhdpi	4.0	640	360 x 800	1440 x 3200
xxhdpi	3.0	480	360 x 800	1080 x 2400
xhdpi	2.0	320	360 x 800	720 x 1600

图 2-29

2.2.2 Android 系统界面结构

在 Android 系统中，界面通常由状态栏、小 / 中 / 大顶部应用栏、安全设计区、底部应用栏及虚拟导航栏等组成，如图 2-30 所示。

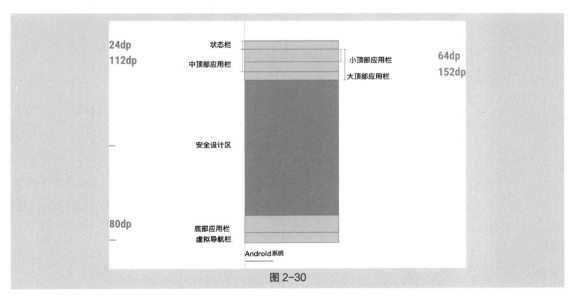

图 2-30

2.2.3 Android 系统基本布局

前面已经介绍了网格系统及其组成元素，这里不赘述，直接介绍 Android 系统中的网格运用。

• 单元格：Android 系统的最小点击区域是 48dp，如图 2-31 所示。为考虑适配，将 4dp 和 8dp 作为 Android 系统的最小单元格尺寸比较合适。

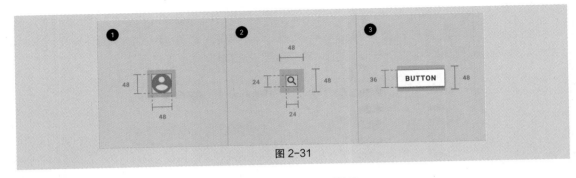

图 2-31

所有组件都与移动设备的 8dp 网格对齐，如图 2-32 所示。

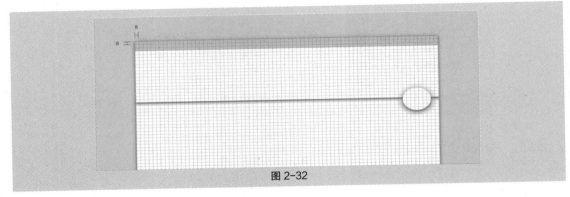

图 2-32

图标和组件中的某些元素可以与 4dp 网格对齐，如图 2-33 所示。

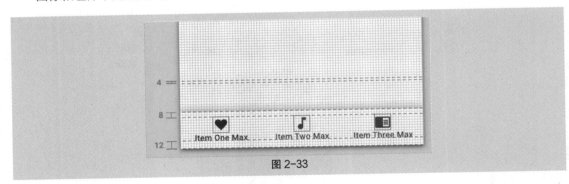

图 2-33

• 列：适用设备为手机时，列的数量推荐设置为 4，如图 2-34 左图所示；适用设备为平板电脑时，列的数量推荐设置为 8，如图 2-34 右图所示。

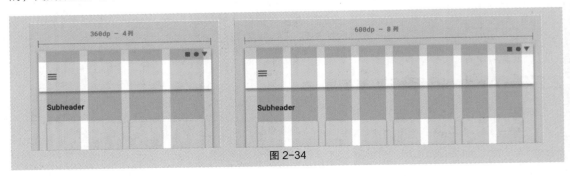

图 2-34

- 水槽：适配设备为手机时，水槽的宽度推荐设置为 16dp，如图 2-35 左图所示；适配设备为平板电脑时，推荐设置为 24dp，如图 2-35 右图所示。网格数量会根据不同的尺寸而产生变化，如图 2-36 所示。

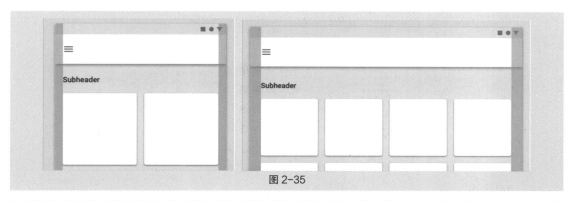

图 2-35

宽度（DP）	窗口大小	列	边距/水槽
0 – 359	xsmall	4	16
360 – 399	xsmall	4	16
400 – 479	xsmall	4	16
480 – 599	xsmall	4	16
600 – 719	small	8	16
720 – 839	small	8	24
840 – 959	small	12	24
960 – 1023	small	12	24
1024 – 1279	medium	12	24
1280 – 1439	medium	12	24
1440 – 1599	large	12	24
1600 – 1919	large	12	24
1920 +	xlarge	12	24

MD建议网格数量

图 2-36

- 边距：边距的宽度可以和水槽统一，也可以和水槽不同，如图 2-37 所示。当 Android 系统布局中边距的宽度和水槽不同时，其宽度的设置具体可以参考 iOS 布局中边距的宽度。

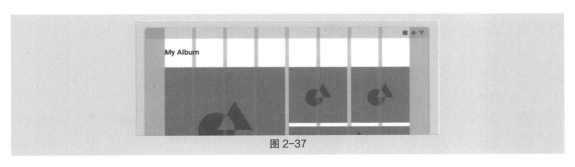

图 2-37

2.2.4 Android 系统字体规范

1. 系统字体

Android 系统中英文使用的是 Roboto 字体，共有 6 种字重；中文使用的是思源黑体，又称为"Source Han Sans"或"Noto"，共有 7 种字重，如图 2-38 所示。

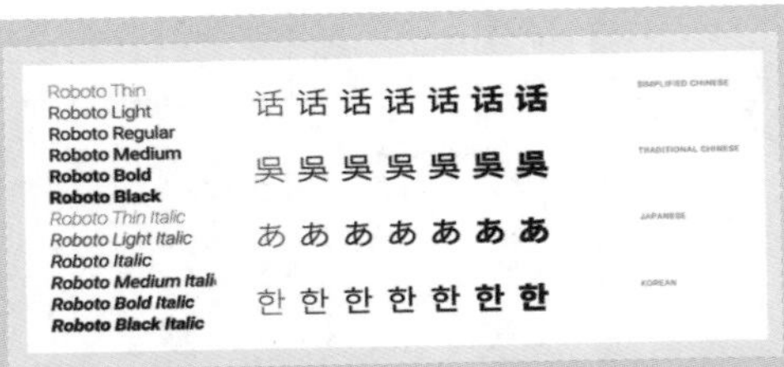

图 2-38

2. 字号大小

进行 Android 系统界面设计时要注意字号的大小，Android 系统对于字号的建议如图 2-39 所示。Android 系统中的各元素以 720px×1280px 为基准设计，可以与 iOS 对应，其常见的字号有 24px、26px、28px、30px、32px、34px，36px 等，最小字号为 20px。

Android系统对于字号的建议

位置	字体	字重	字号	使用情况	字间距
标题一	Roboto	Light	96sp	正常情况	-1.5
标题二	Roboto	Light	60sp	正常情况	-0.5
标题三	Roboto	Regular	48sp	正常情况	0
标题四	Roboto	Regular	34sp	正常情况	0.25
标题五	Roboto	Regular	24sp	正常情况	0
标题六	Roboto	Medium	20sp	正常情况	0.15
副标题一	Roboto	Regular	16sp	正常情况	0.15
副标题二	Roboto	Medium	14sp	正常情况	0.1
正文一	Roboto	Regular	16sp	正常情况	0.5
正文二	Roboto	Regular	14sp	正常情况	0.25
按钮	Roboto	Medium	14sp	首字母大写	0.75
标题	Roboto	Regular	14sp	正常情况	0.4
注释	Roboto	Regular	14sp	首字母大写	1.5

图 2-39

2.2.5 Android 系统图标规范

下面根据 Material Design，从应用图标和系统图标两个类别对 Android 系统图标规范进行详细介绍。

1. 应用图标

• 应用图标的概念：应用图标即产品图标，是体现品牌和功能的图标，主要出现在主屏幕上，如图 2-40 所示。

图 2-40

- 应用图标的设计：在设计应用图标时，应以 320dpi 分辨率中的 48dp 尺寸为基准。Material Design 提供了 4 种不同形状的应用图标尺寸供 UI 设计师参考，以保持一致的视觉平衡感，如图 2-41 所示。

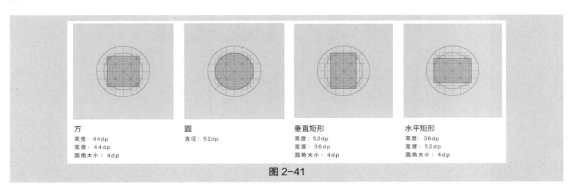

图 2-41

- 应用图标的适配：应用图标的尺寸应根据不同设备的分辨率进行适配，不同 Android 系统设备中应用图标的尺寸如图 2-42 所示。当应用图标应用于 Google Play 中时，其尺寸是 512 像素 ×512 像素。

mdpi（160DPI）	hdpi（240DPI）	xhdpi（320DPI）	xxhdpi（480DPI）	xxxhdpi（640DPI）
24dp×24 dp	36dp×36 dp	48dp×48 dp	72dp×72 dp	96dp×96 dp
48px×48 px	72px×72 px	96px×96 px	144px×144 px	192px×192 px

图 2-42

2. 系统图标

- 系统图标的概念：系统图标即界面中的功能图标，通过简洁、现代的图形表达一些常见功能。Material Design 提供了一套完整的系统图标，如图 2-43 所示。UI 设计师也可以根据产品的调性进行自定义设计。

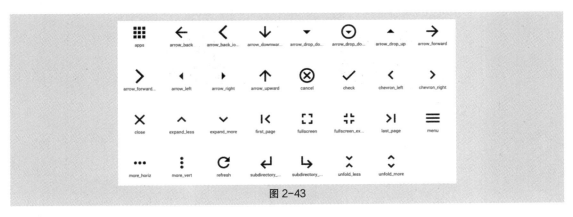

图 2-43

- 系统图标的设计：在设计系统图标时，以 320dpi 分辨率中的 24dp 尺寸为基准。图标应该留出一定的边距，如图 2-44 所示，以保证不同面积的图标有协调一致的视觉效果。

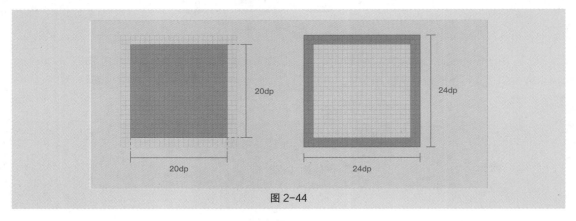

图 2-44

Material Design 提供了 4 种不同形状的应用图标尺寸供 UI 设计师参考，以保持一致的视觉平衡感，如图 2-45 所示。

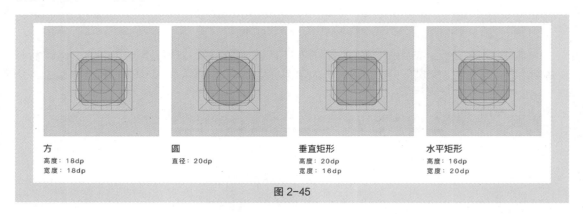

图 2-45

设计时为保证图标清晰，需将软件中的"X"和"Y"设为整数，而不是小数，将图标"放在像素上"。图 2-46 左图为正确示例，右图为错误示例。

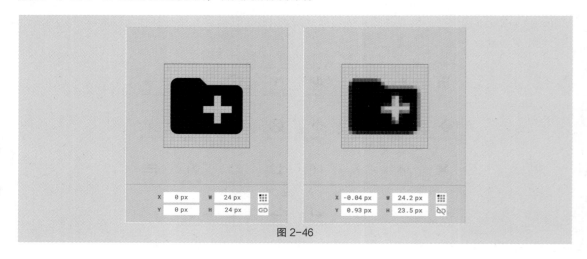

图 2-46

系统图标由描边末端（①）、圆角（②）、反白区域（③）、描边（④）、内部角（⑤）、边界区域（⑥）这6部分组成，如图2-47所示。

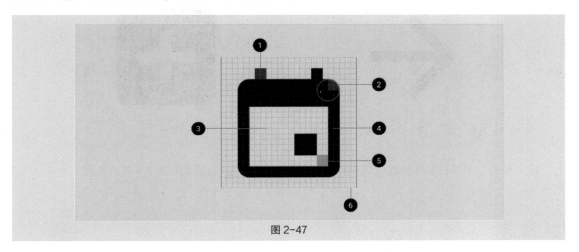

图 2-47

边角：边角半径默认为2dp。内角应该是方形而不是圆形，圆角大小建议为2dp，如图2-48所示。

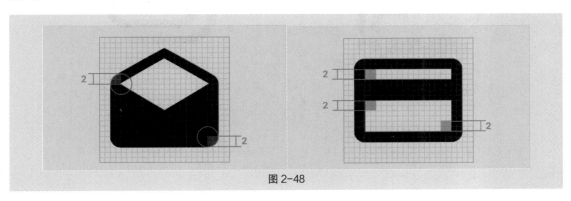

图 2-48

描边：系统图标使用2dp的描边以保持一致性，如图2-49所示。

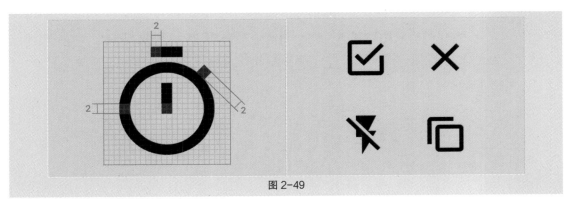

图 2-49

描边末端：描边末端应该是直线并带有角度，留白区域的描边也应该是2dp。描边如果倾斜45°，那么末端应该也倾斜45°，如图2-50所示。

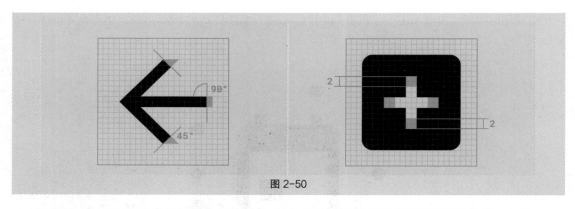

图 2-50

视觉校正：如果系统图标具有复杂的细节，则可以进行细微的调整以提高其清晰度，如图 2-51 所示。

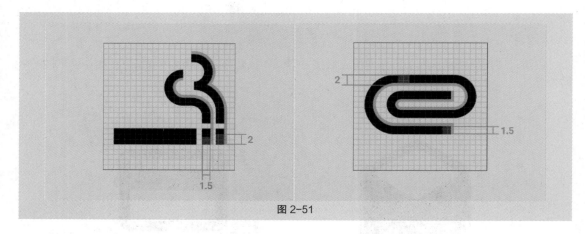

图 2-51

- 系统图标的适配：系统图标的尺寸应根据不同设备的分辨率进行适配，如图 2-52 所示。

mdpi（160 DPI）	hdpi（240 DPI）	xhdpi（320 DPI）	xxhdpi（480 DPI）	xxxhdpi（640 DPI）
24 dp × 24 dp	24 dp × 24 dp	24 dp × 24 dp	36 dp × 36 dp	48 dp × 48 dp
24 px × 24 px	36 px × 36 px	48 px × 48 px	72 px × 72 px	196 px × 196 px

图 2-52

第 3 章

iOS 界面设计

微课

第 3 章简介

▶ ## 本章介绍

iOS 界面设计是移动 UI 设计中最重要的部分之一，它直接影响着用户使用 App 的体验。本章对 iOS 界面设计中的内容、布局和组织、菜单和操作、导航和搜索、呈现方式、选择和输入以及状态进行系统讲解。通过本章的学习，读者可以掌握 iOS 界面设计，开始尝试绘制 iOS 界面的基本方法。

学习引导

知识目标	能力目标
• 了解 iOS 界面设计中的内容 • 熟悉 iOS 界面设计中的布局和组织 • 了解 iOS 界面设计中的呈现方式	• 掌握旅游类 App 闪屏页的绘制方法 • 掌握旅游类 App 酒店详情页的绘制方法 • 掌握旅游类 App 个人中心页的绘制方法 • 掌握旅游类 App 首页的绘制方法 • 掌握旅游类 App 引导页的绘制方法 • 掌握旅游类 App 登录页的绘制方法 • 掌握旅游类 App 消息页的绘制方法
素养目标	
• 培养商业设计思维 • 提高界面审美水平	

3.1 内容

3.1.1 课堂案例——制作旅游类 App 闪屏页

【案例学习目标】学习使用"移动工具""置入嵌入对象"命令和"添加图层样式"按钮制作旅游类 App 闪屏页。

【案例知识要点】使用"置入嵌入对象"命令置入图像，使用"颜色叠加"命令添加效果，效果如图 3-1 所示。

【效果所在位置】云盘 >Ch03> 制作旅游类 App 闪屏页 > 工程文件 .psd。

图 3-1

（1）按"Ctrl+N"组合键，弹出"新建文档"对话框，将"宽度"设为 786 像素，"高度"设为 1704 像素，"分辨率"设为 72 像素 / 英寸，"背景内容"设为白色，如图 3-2 所示。单击"创建"按钮，完成文档新建。

（2）选择"文件 > 置入嵌入对象"命令，弹出"置入嵌入的对象"对话框。选择云盘中的"Ch03 > 制作旅游类 App 闪屏页 > 素材 > 01"文件，单击"置入"按钮，将图片置入图像窗口中，按"Enter"键确认操作，在"图层"控制面板中生成新的图层并将其命名为"背景图"。

（3）选择"视图 > 新建参考线版面"命令，弹出"新建参考线版面"对话框，具体设置如图 3-3 所示。单击"确定"按钮，完成参考线版面的创建，效果如图 3-4 所示。

（4）选择"文件 > 置入嵌入对象"命令，弹出"置入嵌入的对象"对话框。选择云盘中的"Ch03 > 制作旅游类 App 闪屏页 > 素材 > 02"文件，单击"置入"按钮，将图片置入图像窗口中，再将其拖曳到适当的位置，按"Enter"键确认操作，在"图层"控制面板中生成新的图层并将其命名为"状态栏"。

（5）单击"图层"控制面板下方的"添加图层样式"按钮 fx，在弹出的菜单中选择"颜色叠加"命令，弹出"图层样式"对话框，设置叠加颜色为白色，其他选项的设置如图 3-5 所示。单击"确定"按钮，效果如图 3-6 所示。

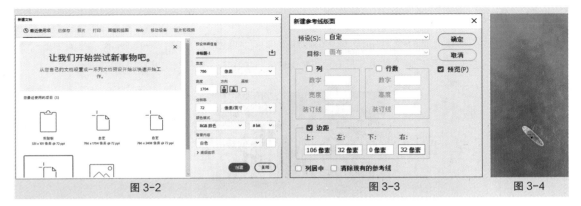

图 3-2　　　　　　　　　　　图 3-3　　　　　　　　　　　图 3-4

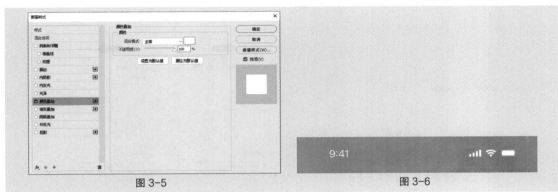

图 3-5　　　　　　　　　　　图 3-6

（6）选择"文件 > 置入嵌入对象"命令，弹出"置入嵌入的对象"对话框。选择云盘中的"Ch03 > 制作旅游类 App 闪屏页 > 素材 > 03"文件，单击"置入"按钮，将图片置入图像窗口中，再将其拖曳到适当的位置并调整大小，按"Enter"键确认操作，在"图层"控制面板中生成新的图层并将其命名为"Logo"。选择"窗口 > 属性"命令，弹出"属性"面板，在该面板中进行设置，如图 3-7 所示，效果如图 3-8 所示。

（7）选择"文件 > 置入嵌入对象"命令，弹出"置入嵌入的对象"对话框。选择云盘中的"Ch03 > 制作旅游类 App 闪屏页 > 素材 > 04"文件，单击"置入"按钮，将图片置入图像窗口中，再将其拖曳到适当的位置，按"Enter"键确认操作，在"图层"控制面板中生成新的图层并将其命名为"Home Indicator"。将"Home Indicator"图层的"不透明度"设为 70%，如图 3-9 所示，效果如图 3-10 所示。至此，旅游类 App 闪屏页制作完成。

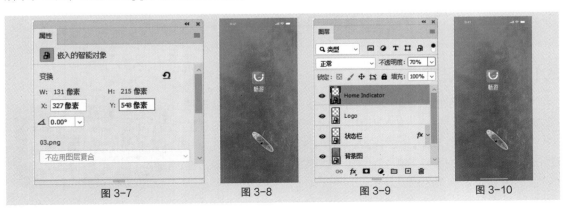

图 3-7　　　　　　　　　图 3-8　　　　　　　　　图 3-9　　　　　　　　　图 3-10

3.1.2　图表

　　以图表形式组织数据可让信息的传达更准确并更具视觉吸引力，如图 3-11 所示。图表由多个图形元素组成，这些元素用于描绘数据集中的值并传达这些值的相关信息，如图 3-12 所示。

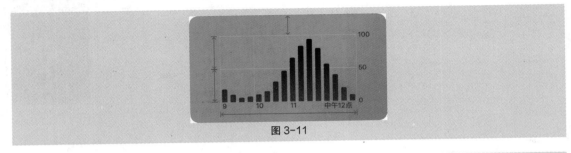

图 3-11

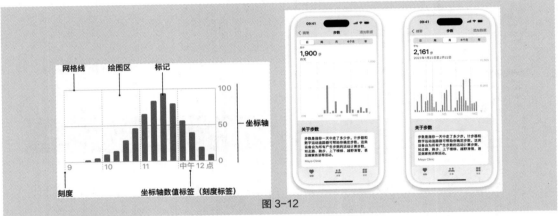

图 3-12

3.1.3　图像视图

　　图像视图在透明或不透明背景上显示单张图像（某些情况下显示图像的动态序列），如图 3-13 所示。在图像视图内，可以缩放图像，或者将图像固定到特定位置。图像视图通常不可交互。

图 3-13

3.1.4　文本视图

　　文本视图会显示格式化的多行文本内容，这些内容可否编辑是可选的，如图 3-14 所示。文本视图可以是任意高度，并在内容扩展到视图之外时允许滚动。文本视图中的内容默认与前缘对齐，并使用默认的系统标签颜色。在 iOS 中，如果文本视图可以编辑，键盘会在用户选择该视图时出现。

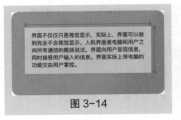

图 3-14

3.1.5 网页视图

网页视图可直接在 App 内加载和显示丰富的网页内容，如嵌入的超文本标记语言（Hypertext Markup Language，HTML）和网站，如图 3-15 所示。

图 3-15

3.2 布局和组织

3.2.1 课堂案例——制作旅游类 App 酒店详情页

【**案例学习目标**】学习使用"形状工具""文字工具""置入嵌入对象"命令、"创建剪贴蒙版"命令和"添加图层样式"按钮制作旅游类 App 酒店详情页。

【**案例知识要点**】使用"矩形工具""椭圆工具""直线工具"绘制形状，使用"置入嵌入对象"命令置入图片和图标，使用"创建剪贴蒙版"命令调整图片显示区域，使用"属性"面板制作弥散投影，使用"横排文字工具"输入文字，效果如图 3-16 所示。

【**效果所在位置**】云盘 >Ch03> 制作旅游类 App 酒店详情页 > 工程文件 .psd。

图 3-16

1．制作状态栏、导航栏和房屋信息区域

（1）按"Ctrl+N"组合键，弹出"新建文档"对话框，将"宽度"设为786像素，"高度"设为2408像素，"分辨率"设为72像素/英寸，"背景内容"设为白色，如图3-17所示。单击"创建"按钮，完成文档新建。

（2）选择"视图 > 新建参考线版面"命令，弹出"新建参考线版面"对话框，具体设置如图3-18所示。单击"确定"按钮，完成参考线版面的创建。

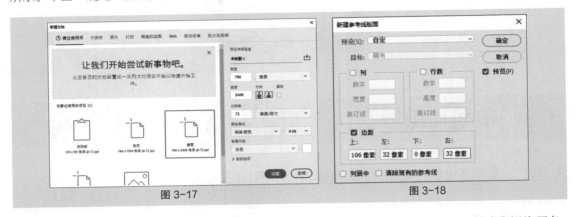

图 3-17　　　　　　　　　　　　　　　　图 3-18

（3）选择"矩形工具" ▢，在属性栏中将"选择工具模式"设为"形状"，将"填充"设为黑色，"描边"设为无颜色。在图像窗口中适当的位置绘制矩形，在"图层"控制面板中生成新的形状图层"矩形1"。选择"窗口 > 属性"命令，弹出"属性"面板，在该面板中进行设置，如图3-19所示。按"Enter"键确认操作，效果如图3-20所示。

（4）选择"文件 > 置入嵌入对象"命令，弹出"置入嵌入的对象"对话框。选择云盘中的"Ch03 > 制作旅游类App酒店详情页 > 素材 > 01"文件，单击"置入"按钮，将图片置入图像窗口中，再将其拖曳到适当的位置，按"Enter"键确认操作，在"图层"控制面板中生成新的图层并将其命名为"底图"。按"Alt+Ctrl+G"组合键，为"底图"图层创建剪贴蒙版，效果如图3-21所示。

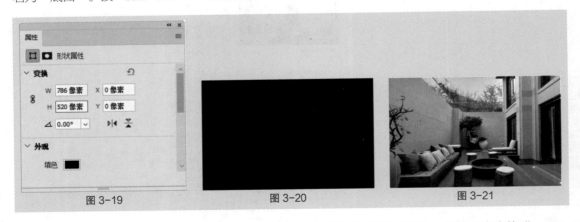

图 3-19　　　　　　　　　　图 3-20　　　　　　　　　　图 3-21

（5）选择"文件 > 置入嵌入对象"命令，弹出"置入嵌入的对象"对话框。选择云盘中的"Ch03 > 制作旅游类App酒店详情页 > 素材 > 02"文件，单击"置入"按钮，将图片置入图像窗口中，再将其拖曳到适当的位置，按"Enter"键确认操作，效果如图3-22所示，在"图层"控制面板中生成新的图层并将其命名为"状态栏"。

图 3-22

（6）单击"图层"控制面板下方的"添加图层样式"按钮 _fx_ ，在弹出的菜单中选择"颜色叠加"命令，弹出"图层样式"对话框，设置叠加颜色为白色，其他选项的设置如图 3-23 所示。单击"确定"按钮，效果如图 3-24 所示。

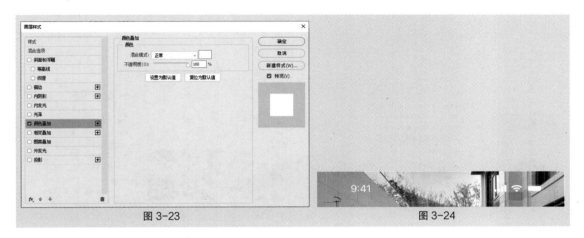

图 3-23　　　　　　　　　　　　　　　　　　图 3-24

（7）选择"视图 > 新建参考线"命令，弹出"新建参考线"对话框，具体设置如图 3-25 所示。单击"确定"按钮，完成参考线的创建，效果如图 3-26 所示。

图 3-25　　　　　　　图 3-26

（8）选择"椭圆工具" _⃝_ ，按住"Shift"键的同时，在图像窗口中适当的位置绘制圆形，在"图层"控制面板中生成新的形状图层"椭圆 1"。在"属性"面板中设置"填色"为黑色，其他选项的设置如图 3-27 所示。按"Enter"键确认操作，效果如图 3-28 所示。在"图层"控制面板中将"椭圆 1"图层的"不透明度"设为 30%，如图 3-29 所示，效果如图 3-30 所示。

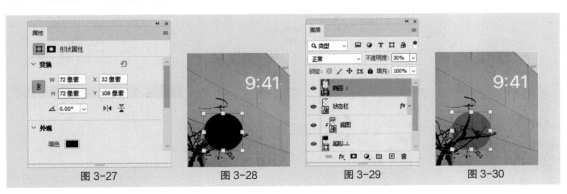

图 3-27　　　　　图 3-28　　　　　图 3-29　　　　　图 3-30

（9）选择"文件 > 置入嵌入对象"命令，弹出"置入嵌入的对象"对话框。选择云盘中的"Ch03 > 制作旅游类 App 酒店详情页 > 素材 > 03"文件，单击"置入"按钮，将图标置入图像窗口中，再将其拖曳到适当的位置并调整大小，按"Enter"键确认操作，效果如图 3-31 所示，在"图层"控制面板中生成新的图层并将其命名为"返回"。按住"Shift"键的同时，单击"椭圆 1"图层，将需要的图层同时选择，按"Ctrl+G"组合键，编组图层并将其命名为"返回"，如图 3-32 所示。

（10）使用相同的方法，分别绘制圆形并置入"04"和"05"文件，将它们拖曳到适当的位置并调整大小，按"Enter"键确认操作，效果如图 3-33 所示。在"图层"控制面板中分别生成新的图层并将其命名为"收藏"和"分享"，分别进行编组操作，效果如图 3-34 所示。按住"Shift"键的同时，单击"返回"图层组，将需要的图层组同时选择，按"Ctrl+G"组合键，编组图层组并将其命名为"导航栏"。

图 3-31　　　　图 3-32　　　　　　图 3-33　　　　　　　　　　图 3-34

（11）选择"文件 > 置入嵌入对象"命令，弹出"置入嵌入的对象"对话框。选择云盘中的"Ch03 > 制作旅游类 App 酒店详情页 > 素材 > 06"文件，单击"置入"按钮，将图标置入图像窗口中，再将其拖曳到适当的位置并调整大小，按"Enter"键确认操作，如图 3-35 所示，在"图层"控制面板中生成新的图层并将其命名为"图片"。

（12）选择"横排文字工具"［T.］，在适当的位置输入需要的文字并选择文字，选择"窗口 > 字符"命令，弹出"字符"面板，将"颜色"设为浅灰色（249,249,249），并设置合适的字体和字号，按"Enter"键确认操作，效果如图 3-36 所示，在"图层"控制面板中生成新的文字图层。

（13）选择"视图 > 新建参考线"命令，弹出"新建参考线"对话框，具体设置如图 3-37 所示。单击"确定"按钮，完成参考线的创建。

（14）选择"矩形工具"［□.］，在属性栏中将"填充"设为浅灰色（249,249,249），"描边"设为无颜色。在图像窗口中适当的位置绘制矩形，在"图层"控制面板中生成新的形状图层"矩形 2"。在"属性"面板中进行设置，如图 3-38 所示。按"Enter"键确认操作，效果如图 3-39 所示。

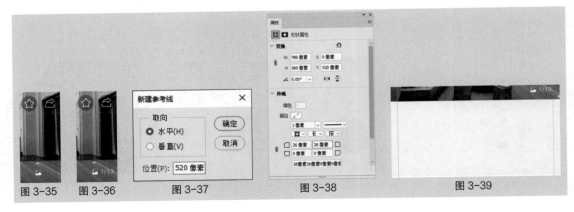

图 3-35　　图 3-36　　　　　图 3-37　　　　　　　图 3-38　　　　　　　图 3-39

（15）选择"横排文字工具" <kbd>T</kbd>，在适当的位置分别输入需要的文字并选择文字，在"字符"面板中，将"颜色"设为深灰色（51,51,51），并设置合适的字体和字号，按"Enter"键确认操作，效果如图3-40所示，在"图层"控制面板中分别生成新的文字图层。

（16）选择"直线工具" <kbd>/</kbd>，在属性栏中将"填充"设为无颜色，"描边"设为灰色（210,210,210），"粗细"设为1像素，按住"Shift"键的同时，在适当的位置绘制一条竖线，效果如图3-41所示，在"图层"控制面板中生成新的形状图层"直线1"。

（17）选择"文件 > 置入嵌入对象"命令，弹出"置入嵌入的对象"对话框。选择云盘中的"Ch03 > 制作旅游类 App 酒店详情页 > 素材 > 07"文件，单击"置入"按钮，将图标置入图像窗口中，再将其拖曳到适当的位置并调整大小，按"Enter"键确认操作，如图3-42所示，在"图层"控制面板中生成新的图层并将其命名为"wifi"。

图 3-40    图 3-41    图 3-42

（18）选择"横排文字工具" <kbd>T</kbd>，在适当的位置输入需要的文字并选择文字，在"字符"面板中，将"颜色"设为深灰色（51,51,51），并设置合适的字体和字号，按"Enter"键确认操作，在"图层"控制面板中生成新的文字图层。使用相同的方法，分别置入其他图标并输入相应的文字，效果如图3-43所示，在"图层"控制面板中分别生成新的图层。

（19）选择"直线工具" <kbd>/</kbd>，在属性栏中将"填充"设为无颜色，"描边"设为灰色（210,210,210），"粗细"设为1像素，按住"Shift"键的同时，在适当的位置绘制一条竖线，效果如图3-44所示，在"图层"控制面板中生成新的形状图层"直线2"。按住"Shift"键的同时，单击"聚欢乐休闲别墅"图层，将需要的图层同时选择，按"Ctrl+G"组合键，编组图层并将其命名为"详情"，如图3-45所示。

图 3-43   图 3-44   图 3-45

（20）选择"横排文字工具" <kbd>T</kbd>，在适当的位置输入需要的文字并选择文字，在"字符"面板中将"颜色"设为橘黄色（255,151,1），并设置合适的字体和字号，按"Enter"键确认操作，效果如图3-46所示，在"图层"控制面板中生成新的文字图层。

（21）使用上述的方法，分别输入文字并置入图标，效果如图3-47所示，在"图层"控制面板中分别生成新的图层。按住"Shift"键的同时，单击"4.8分"图层，将需要的图层同时选择，按"Ctrl+G"组合键，编组图层并将其命名为"评分"。

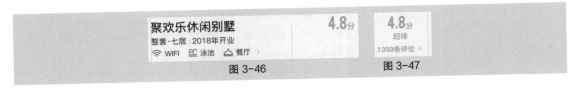

图 3-46　　　　　　　　　　　　　　　图 3-47

（22）选择"矩形工具" ▭ ，在属性栏中将"填充"设为黑色，"描边"设为无颜色。在图像窗口中适当的位置绘制矩形，在"图层"控制面板中生成新的形状图层"矩形 3"。在"属性"面板中进行设置，如图 3-48 所示。按"Enter"键确认操作，效果如图 3-49 所示。

（23）选择"文件 > 置入嵌入对象"命令，弹出"置入嵌入的对象"对话框。选择云盘中的"Ch03 > 制作旅游类 App 酒店详情页 > 素材 > 11"文件，单击"置入"按钮，将图片置入图像窗口中，再将其拖曳到适当的位置，按"Enter"键确认操作，在"图层"控制面板中生成新的图层并将其命名为"地图"。按"Alt+Ctrl+G"组合键，为"地图"图层创建剪贴蒙版。

（24）选择"横排文字工具" T. ，在适当的位置分别输入需要的文字并选择文字，在"字符"面板中设置合适的字体、字号和颜色，按"Enter"键确认操作，在"图层"控制面板中分别生成新的文字图层。

（25）展开"评分"图层组，选择"展开"图层，按"Ctrl+J"组合键，复制图层，在"图层"控制面板中生成新的图层"展开 拷贝"，将其拖曳到"地图·周边"图层的上方。选择"移动工具" ⊕. ，按住"Shift"键的同时，将图标垂直向下拖曳到适当的位置，效果如图 3-50 所示。折叠"评分"对象组。

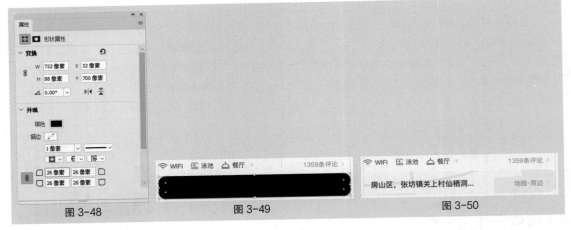

图 3-48　　　　　　　　　　　図 3-49　　　　　　　　　　　图 3-50

（26）选择"矩形工具" ▭ ，在属性栏中将"填充"设为深蓝色（161,178,198），"描边"设为无颜色。在图像窗口中适当的位置绘制矩形，在"图层"控制面板中生成新的形状图层 "矩形 4"。在"属性"面板中进行设置，如图 3-51 所示。按"Enter"键确认操作。单击"蒙版"按钮，具体设置如图 3-52 所示。按"Enter"键确认操作。在"图层"控制面板中将"矩形 4"图层的"不透明度"设为 50%，并将其拖曳到"矩形 3"图层的下方，效果如图 3-53 所示。

（27）按住"Shift"键的同时，单击"展开 拷贝"图层，将需要的图层同时选择。按"Ctrl+G"组合键，编组图层并将其命名为"定位"，如图 3-54 所示。按住"Shift"键的同时，单击"图片"图层，将需要的图层同时选择。按"Ctrl+G"组合键，编组图层并将其命名为"房屋信息"，如图 3-55 所示。

| 图 3-51 | 图 3-52 | 图 3-53 |

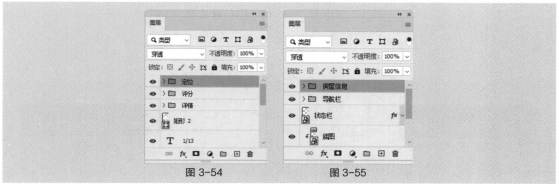

| 图 3-54 | 图 3-55 |

2．制作内容区域和查看房源区域

（1）选择"视图 > 新建参考线"命令，弹出"新建参考线"对话框，具体设置如图 3-56 所示。单击"确定"按钮，完成参考线的创建。选择"矩形工具" ，在属性栏中将"填充"设为橘黄色（255，151，1），"描边"设为无颜色。在图像窗口中适当的位置绘制矩形，在"图层"控制面板中生成新的形状图层"矩形 5"。在"属性"面板中进行设置，如图 3-57 所示。按"Enter"键确认操作，效果如图 3-58 所示。

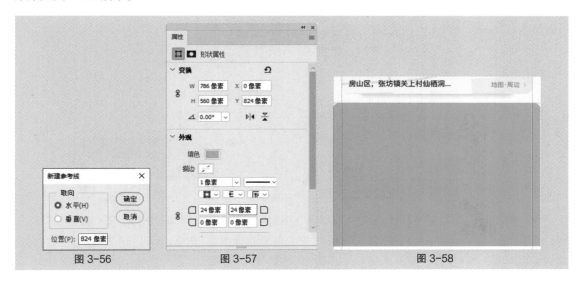

| 图 3-56 | 图 3-57 | 图 3-58 |

（2）选择"横排文字工具" T.，在适当的位置分别输入需要的文字并选择文字，在"字符"面板中，将"颜色"设为白色，并设置合适的字体和字号，按"Enter"键确认操作，效果如图3-59所示，在"图层"控制面板中分别生成新的文字图层。

（3）选择"矩形工具" □，在属性栏中将"填充"设为深黄色（255,172,52），"描边"设为无颜色。在图像窗口中适当的位置绘制矩形，在"图层"控制面板中生成新的形状图层"矩形6"。在"属性"面板中进行设置，如图3-60所示。按"Enter"键确认操作。使用上述的方法再次输入文字，在"字符"面板中，将"颜色"设为白色，并设置合适的字体和字号，按"Enter"键确认操作，效果如图3-61所示，在"图层"控制面板中生成新的文字图层。

Photoshop CC 移动 UI 设计案例教程（全彩慕课版）（第 2 版）

42

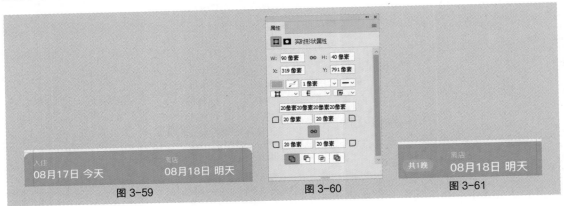

图 3-59　　　　　　　　图 3-60　　　　　　　　图 3-61

（4）展开"定位"图层组，选择"展开 拷贝"图层。按"Ctrl+J"组合键，复制图层，在"图层"控制面板中生成新的图层"展开 拷贝2"。将其拖曳到"共1晚"图层的上方。选择"移动工具" ⊕，将图标垂直向下拖曳到适当的位置。

（5）单击"图层"控制面板下方的"添加图层样式"按钮 fx，在弹出的菜单中选择"颜色叠加"命令，弹出"图层样式"对话框，设置叠加颜色为白色，其他选项的设置如图3-62所示。单击"确定"按钮，效果如图3-63所示。

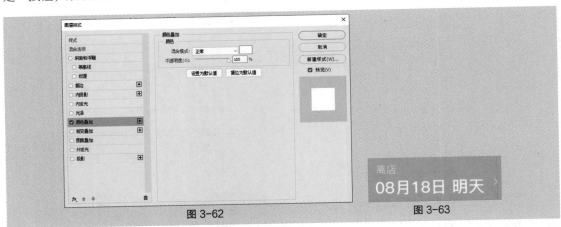

图 3-62　　　　　　　　图 3-63

（6）按住"Shift"键的同时，单击"矩形5"图层，将需要的图层同时选择。按"Ctrl+G"组合键，编组图层并将其命名为"入住时间"。选择"视图 > 新建参考线"命令，弹出"新建参考线"对话框，具体设置如图3-64所示。单击"确定"按钮，完成参考线的创建。

（7）选择"矩形工具"▢，在属性栏中将"填充"设为白色，"描边"设为无颜色。在图像窗口中适当的位置绘制矩形，在"图层"控制面板中生成新的形状图层"矩形 7"。在"属性"面板中进行设置，如图 3-65 所示。按"Enter"键确认操作，效果如图 3-66 所示。

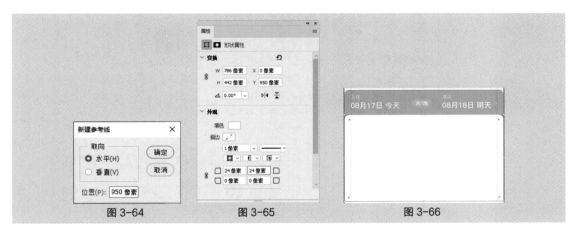

图 3-64   图 3-65   图 3-66

（8）在图像窗口中适当的位置再次绘制矩形，在"图层"控制面板中生成新的形状图层"矩形 8"。在"属性"面板中进行设置，如图 3-67 所示。按 Enter 键确认操作。

（9）选择"横排文字工具"T，在适当的位置输入需要的文字并选择文字。在"字符"面板中，将"颜色"设为深灰色（51,51,51），并设置合适的字体和字号，按"Enter"键确认操作，效果如图 3-68 所示，在"图层"控制面板中生成新的文字图层。使用相同的方法，分别复制形状并输入相应的文字，效果如图 3-69 所示，在"图层"控制面板中分别生成新的图层。

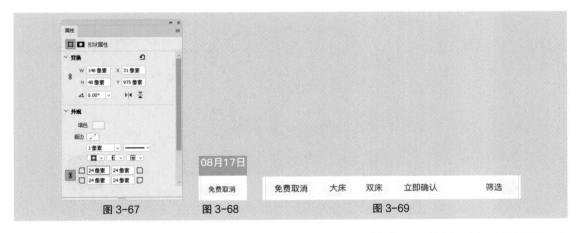

图 3-67   图 3-68   图 3-69

（10）展开"入住时间"图层组，选择"展开 拷贝 2"图层。按"Ctrl+J"组合键，复制图层，在"图层"控制面板中生成新的图层"展开 拷贝 3"。将其拖曳到"筛选"图层的上方。选择"移动工具"✛，将图标垂直向下拖曳到适当的位置，按"Ctrl+T"组合键，图形周围出现变换框，将鼠标指针移动到变换框右下角的控制手柄上，鼠标指针变为旋转图标↵，按住"Shift"键的同时，拖曳鼠标将图标旋转 90°，按"Enter"键确认操作，效果如图 3-70 所示。

（11）单击"图层"控制面板下方的"添加图层样式"按钮，弹出"图层样式"对话框，设置叠加颜色为深灰色（51,51,51），其他选项的设置如图 3-71 所示。单击"确定"按钮，效果如图 3-72 所示。

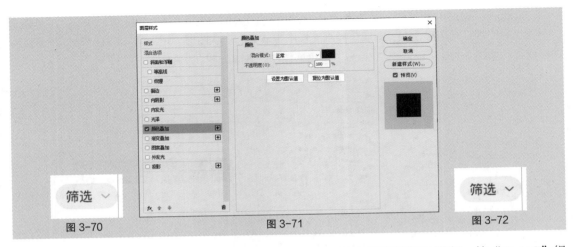

图 3-70　　　　　　　　　　　　　图 3-71　　　　　　　　　　　　　图 3-72

（12）按住"Shift"键的同时，单击"矩形 7"图层，将需要的图层同时选择。按"Ctrl+G"组合键，编组图层并将其命名为"选项组"，折叠"入住时间"图层组。

（13）选择"直线工具" ，在属性栏中将"填充"设为无颜色，"描边"设为灰色（210,210,210），"粗细"设为 1 像素，按住"Shift"键的同时，在适当的位置绘制一条直线，效果如图 3-73 所示，在"图层"控制面板中生成新的形状图层"直线 3"。

（14）选择"矩形工具" ，在图像窗口中适当的位置绘制矩形，在"图层"控制面板中生成新的形状图层"矩形 9"，在属性栏中将"填充"设为黑色，"描边"设为无颜色。在"属性"面板中进行设置，如图 3-74 所示。按"Enter"键确认操作，效果如图 3-75 所示。

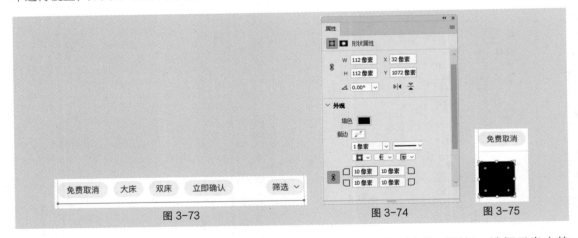

图 3-73　　　　　　　　　　　　　图 3-74　　　　　　　图 3-75

（15）选择"文件 > 置入嵌入对象"命令，弹出"置入嵌入的对象"对话框。选择云盘中的"Ch03 > 制作旅游类 App 酒店详情页 > 素材 > 12"文件，单击"置入"按钮，将图片置入图像窗口中，再将其拖曳到适当的位置并调整大小，按"Enter"键确认操作，在"图层"控制面板中生成新的图层并将其命名为"图片 1"。按"Alt+Ctrl+G"组合键，为"图片 1"图层创建剪贴蒙版，效果如图 3-76 所示。

（16）使用上述的方法，分别输入文字、绘制形状并置入图片，效果如图 3-77 所示。按住"Shift"键的同时，单击"直线 3"图层，将需要的图层同时选择。按"Ctrl+G"组合键，编组图层并将其命名为"豪华标间"，如图 3-78 所示。

图 3-76   图 3-77   图 3-78

（17）使用相同的方法分别绘制形状、置入图片、输入文字并编组图层，在"图层"控制面板中生成新的图层组，如图 3-79 所示，效果如图 3-80 所示。

图 3-79   图 3-80

（18）选择"矩形工具" □ ，在属性栏中将"填充"设为浅灰色（249,249,249），"描边"设为无颜色。在图像窗口中适当的位置绘制矩形，在"图层"控制面板中生成新的形状图层"矩形 11"。在"属性"面板中进行设置，如图 3-81 所示。按"Enter"键确认操作，在"图层"控制面板中将其拖曳到"套间"图层组的下方，效果如图 3-82 所示。

（19）在"图层"控制面板中选择"套间"图层组。选择"横排文字工具" T ，在适当的位置输入需要的文字并选择文字。在"字符"面板中，将"颜色"设为深灰色（51,51,51），并设置合适的字体和字号，按"Enter"键确认操作，效果如图 3-83 所示，在"图层"控制面板中生成新的文字图层。

（20）展开"定位"图层组，选择"展开 拷贝"图层。按"Ctrl+J"组合键，复制图层，在"图层"控制面板中生成新的图层"展开 拷贝 4"。在"图层"控制面板中将其拖曳到"大床 无早"图层的上方。选择"移动工具" ✛ ，将图标垂直向下拖曳到适当的位置，效果如图 3-84 所示。

图 3-81　　　　　　　　　図 3-82　　　　　　　　　図 3-83　　　　　　　　　図 3-84

（21）使用上述的方法，分别输入文字并绘制形状，效果如图 3-85 所示。按住"Shift"键的同时单击"大床 无早"图层，将需要的图层同时选择。按"Ctrl+G"组合键，编组图层并将其命名为"套餐 1"。使用相同的方法制作"套餐 2"和"套餐 3"图层组，如图 3-86 所示，效果如图 3-87 所示。按住"Shift"键的同时，单击"入住时间"图层组，将需要的图层组同时选择。按"Ctrl+G"组合键，编组图层并将其命名为"内容区"。

图 3-85　　　　　　　　　图 3-86　　　　　　　　　图 3-87

（22）选择"视图 > 新建参考线"命令，弹出"新建参考线"对话框，具体设置如图 3-88 所示。单击"确定"按钮，完成参考线的创建。选择"矩形工具" ▢ ，在属性栏中将"填充"设为白色，"描边"设为无颜色。在图像窗口中适当的位置绘制矩形，在"图层"控制面板中生成新的形状图层"矩形 15"。在"属性"面板中进行设置，如图 3-89 所示。按"Enter"键确认操作，效果如图 3-90 所示。

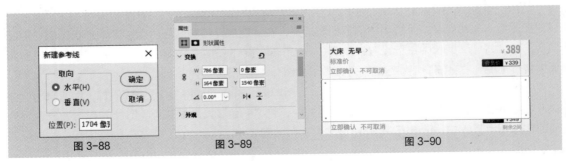

图 3-88　　　　　　　　　图 3-89　　　　　　　　　图 3-90

（23）再次绘制一个矩形，在"图层"控制面板中生成新的形状图层"矩形 16"。在属性栏中将"填充"设为深黄色（155,118,65），"描边"设为无颜色。在"属性"面板中进行设置，如图 3-91 所示，按"Enter"键确认操作。单击"蒙版"按钮，具体设置如图 3-92 所示，按"Enter"键确认操作。

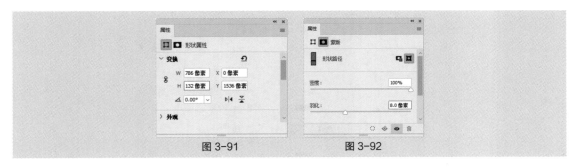

图 3-91　　　　　　　　　图 3-92

（24）在"图层"控制面板中将"矩形 16"图层的"不透明度"设为 10%，并将其拖曳到"矩形 15"图层的下方，如图 3-93 所示，效果如图 3-94 所示。

图 3-93　　　　　　　　　图 3-94

（25）选择"视图 > 新建参考线"命令，弹出"新建参考线"对话框，设置如图 3-95 所示。单击"确定"按钮，完成参考线的创建。在"图层"控制面板中选择"矩形 15"图层，再次绘制一个矩形，在"图层"控制面板中生成新的形状图层"矩形 17"。在属性栏中将"填充"设为橘黄色（255，151，1），"描边"设为无颜色。在"属性"面板中进行设置，如图 3-96 所示，按"Enter"键确认操作。

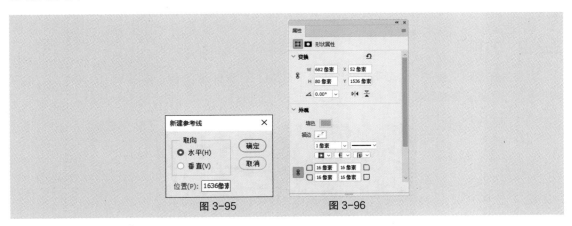

图 3-95　　　　　　　　　图 3-96

（26）选择"横排文字工具" **T.**，在适当的位置输入需要的文字并选择文字。在"字符"面板中，将"颜色"设为白色，并设置合适的字体和字号，按"Enter"键确认操作，效果如图 3-97 所示，在"图层"控制面板中生成新的文字图层。按住"Shift"键的同时，单击"矩形 17"图层，将需要的图层同时选择。按"Ctrl+G"组合键，编组图层并将其命名为"预定按钮"，如图 3-98 所示。

图 3-97   图 3-98

（27）按住"Shift"键的同时，单击"矩形 16"图层，将需要的图层同时选择。按"Ctrl+G"组合键，编组图层并将其命名为"查看房源"，如图 3-99 所示。

（28）选择"文件 > 置入嵌入对象"命令，弹出"置入嵌入的对象"对话框。选择云盘中的"Ch03 > 制作旅游类 App 酒店详情页 > 素材 > 15"文件，单击"置入"按钮，将图片置入图像窗口中，再将其拖曳到适当的位置，按"Enter"键确认操作，效果如图 3-100 所示。在"图层"控制面板中生成新的图层并将其命名为"Home Indicator"，如图 3-101 所示。至此，旅游类 App 酒店详情页制作完成。

图 3-99   图 3-100   图 3-101

3.2.2 方框

方框为在逻辑上相关的信息和组件创建了具有独特视觉特征的分组，如图 3-102 所示。方框默认使用可见边框或背景颜色将其中的内容与界面的其他部分分开。方框也可以包括标题。

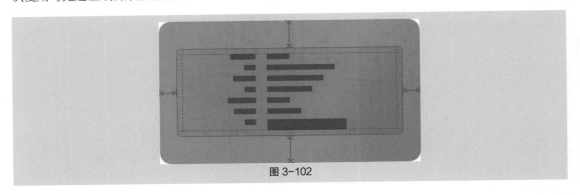

图 3-102

3.2.3　集合

集合用于管理一组有序的内容，并以可自定义和高度可视化的布局呈现，如图 3-103 所示。一般来说，集合适用于显示基于图像的内容。

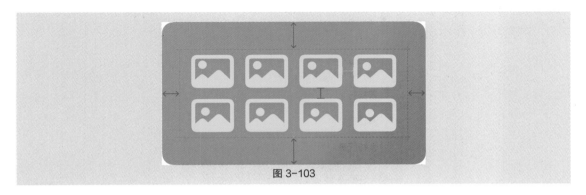

图 3-103

3.2.4　显示控件

显示控件用于显示和隐藏与特定控件或视图相关的信息和功能，如图 3-104 所示。

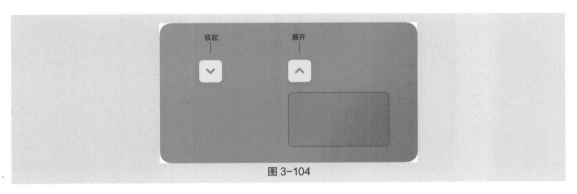

图 3-104

3.2.5　标签

标签是一段可供用户阅读的静态文本，通常可以复制，但不能编辑，如图 3-105 所示。标签用于在按钮、菜单和视图中显示文本，以帮助用户了解当前上下文和接下来可执行的操作。

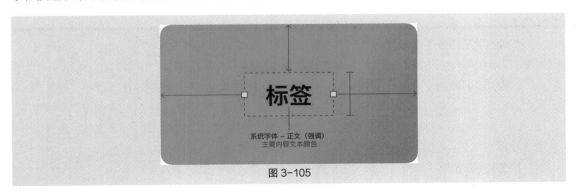

图 3-105

3.2.6 列表和表格

列表和表格在行中的一列或多列内呈现数据，如图 3-106 所示。表格或列表可呈现以群组或层级结构组织的数据，还支持选择、添加、删除和重新排序等用户交互操作。在 iOS 中，信息按钮显示列表项的相关详细信息。显示指示符会显示层级结构中的下一级，而不会显示与项目相关的详细信息，如图 3-107 所示。

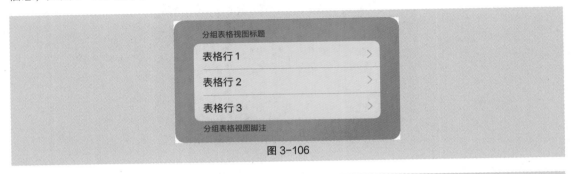

图 3-106

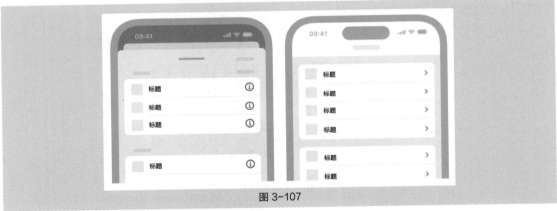

图 3-107

3.3 菜单和操作

3.3.1 课堂案例——制作旅游类 App 个人中心页

【案例学习目标】学习使用"形状工具""文字工具""置入嵌入对象"命令、"创建剪贴蒙版"命令和"添加图层样式"按钮制作旅游类 App 个人中心页。

【案例知识要点】使用"矩形工具""椭圆工具""直线工具"绘制形状，使用"置入嵌入对象"命令置入图片和图标，使用"创建剪贴蒙版"命令调整图片显示区域，使用"渐变叠加"命令添加效果，使用"属性"面板制作弥散投影，使用"横排文字工具"输入文字，效果如图 3-108 所示。

【效果所在位置】云盘 >Ch03> 制作旅游类 App 个人中心页 > 工程文件 .psd。

图 3-108

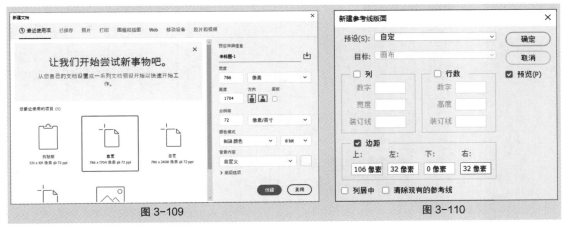

（1）按"Ctrl+N"组合键，弹出"新建文档"对话框，将"宽度"设为 786 像素，"高度"设为 1704 像素，"分辨率"设为 72 像素 / 英寸，"背景内容"设为浅灰色（249,249,249），如图 3-109 所示。单击"创建"按钮，完成文档新建。

（2）选择"视图 > 新建参考线版面"命令，弹出"新建参考线版面"对话框，具体设置如图 3-110 所示。单击"确定"按钮，完成参考线版面的创建。

图 3-109　　　　　　　　　　　　　　　图 3-110

（3）选择"矩形工具"　，在属性栏中将"选择工具模式"设为"形状"，将"填充"设为黑色，"描边"设为无颜色。在图像窗口中适当的位置绘制矩形，如图 3-111 所示，在"图层"控制面板中生成新的形状图层"矩形 1"。

（4）选择"文件 > 置入嵌入对象"命令，弹出"置入嵌入的对象"对话框。选择云盘中的"Ch03 > 制作旅游类 App 个人中心页 > 素材 > 01"文件，单击"置入"按钮，将图片置入图像窗口中，再将其拖曳到适当的位置并调整大小，按"Enter"键确认操作，在"图层"控制面板中生成新的图层并将其命名为"底图"。按"Alt+Ctrl+G"组合键，为图层创建剪贴蒙版，效果如图 3-112 所示。

图 3-111　　　　　　　　　　　图 3-112

（5）选择"文件 > 置入嵌入对象"命令，弹出"置入嵌入的对象"对话框。选择云盘中的"Ch03 > 制作旅游类 App 个人中心页 > 素材 > 02"文件，单击"置入"按钮，将图片置入图像窗口中，再将其拖曳到适当的位置，按"Enter"键确认操作，在"图层"控制面板中生成新的图层并将其命名为"状态栏"。

（6）单击"图层"控制面板下方的"添加图层样式"按钮 fx，在弹出的菜单中选择"颜色叠加"命令，弹出"图层样式"对话框，设置叠加颜色为白色，其他选项的设置如图 3-113 所示。单击"确定"按钮，效果如图 3-114 所示。

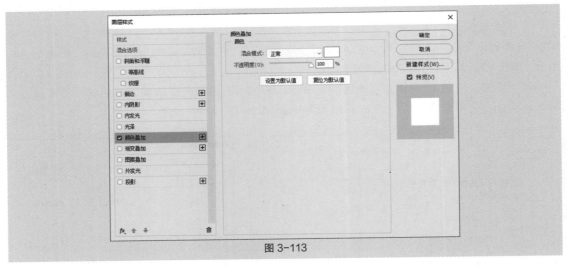

图 3-113

图 3-114

（7）选择"视图 > 新建参考线"命令，弹出"新建参考线"对话框，设置如图 3-115 所示。单击"确定"按钮，完成参考线的创建。

（8）选择"文件 > 置入嵌入对象"命令，弹出"置入嵌入的对象"对话框。选择云盘中的"Ch03 > 制作旅游类 App 个人中心页 > 素材 > 03"文件，单击"置入"按钮，将图标置入图像窗口中，再将其拖曳到适当的位置并调整大小，按"Enter"键确认操作，在"图层"控制面板中生成新的图层并将其命名为"返回"。

（9）使用相同的方法，分别置入"04"和"05"文件，将其拖曳到适当的位置并调整大小，按"Enter"键确认操作，效果如图3-116所示，在"图层"控制面板中分别生成新的图层并将其命名为"评价"和"更多"。

（10）按"Ctrl + O"组合键，打开云盘中的"Ch03 > 制作旅游类 App 个人中心页 > 素材 > 06"文件，在"图层"控制面板中，选择"反馈控件"图层组。选择"移动工具" 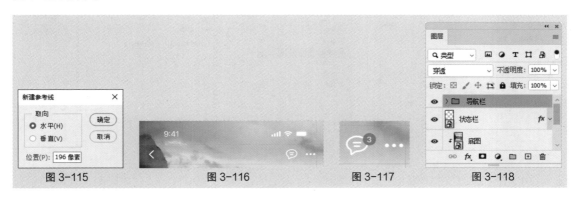，将选择的图层组拖曳到新建的图像窗口中适当的位置，效果如图3-117所示。按住"Shift"键的同时，单击"返回"图层，将需要的图层同时选择，按"Ctrl+G"组合键，编组图层并将其命名为"导航栏"，如图3-118所示。

图 3-115　　　　图 3-116　　　　图 3-117　　　　图 3-118

（11）选择"横排文字工具" T，在适当的位置输入需要的文字并选择文字。选择"窗口 > 字符"命令，弹出"字符"面板，将"颜色"设为白色，并设置合适的字体和字号，按"Enter"键确认操作，效果如图3-119所示，在"图层"控制面板中生成新的文字图层。

（12）选择"矩形工具" □，在属性栏中将"填充"设为白色，"描边"设为无颜色。在图像窗口中适当的位置绘制矩形，在"图层"控制面板中生成新的形状图层"矩形2"。在"属性"面板中进行设置，如图3-120所示，效果如图3-121所示。

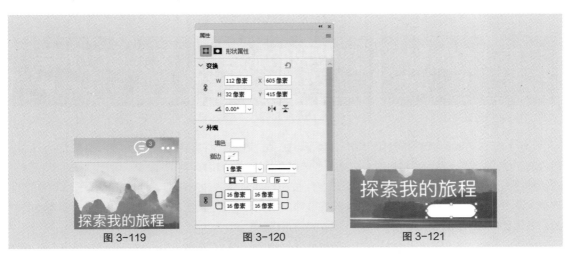

图 3-119　　　　　　　　图 3-120　　　　　　　　图 3-121

（13）单击"图层"控制面板下方的"添加图层样式"按钮 fx，在弹出的菜单中选择"渐变叠加"命令，弹出"图层样式"对话框。单击"渐变"选项右侧的"点按可编辑渐变"按钮，弹出"渐变编辑器"对话框。在"位置"选项中分别输入 0、100 两个位置点，分别设置两个位置点的"颜色"为 0（255,151,1）、100（236,101,25）；设置两个位置点的"不透明度"为 0（100%）、100（30%），如图 3-122 所示。单击"确定"按钮，返回"图层样式"对话框，其他选项的设置如图 3-123 所示，单击"确定"按钮。

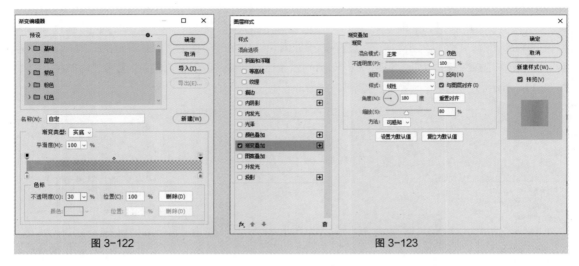

图 3-122　　　　　　　　　　　　　　　　　　　图 3-123

（14）在"图层"控制面板中，将"矩形 2"图层的"填充"设为 0%，效果如图 3-124 所示。选择"横排文字工具" **T.**，在适当的位置输入需要的文字并选择文字。在"字符"面板中，将"颜色"设为白色，并设置合适的字体和字号，按"Enter"键确认操作，效果如图 3-125 所示，在"图层"控制面板中生成新的文字图层。

（15）选择"文件 > 置入嵌入对象"命令，弹出"置入嵌入的对象"对话框。选择云盘中的"Ch03 > 制作旅游类 App 个人中心页 > 素材 > 07"文件，单击"置入"按钮，将图标置入图像窗口中，再将其拖曳到适当的位置并调整大小，按"Enter"键确认操作，如图 3-126 所示，在"图层"控制面板中生成新的图层并将其命名为"探索"。

图 3-124　　　　　　　　　　图 3-125　　　　　　　　　　图 3-126

（16）按住"Shift"键的同时，单击"探索我的旅程"图层，将需要的图层同时选择，按"Ctrl+G"组合键，编组图层并将其命名为"去探索"。选择"视图 > 新建参考线"命令，弹出"新建参考线"对话框，设置如图 3-127 所示。单击"确定"按钮，完成参考线的创建。使用相同的方法再次创建两条水平参考线，具体设置如图 3-128 和图 3-129 所示。分别单击"确定"按钮，完成参考线的创建，效果如图 3-130 所示。

（17）选择"矩形工具" **□.**，在属性栏中将"填充"设为白色，"描边"设为无颜色。在图像窗口中适当的位置绘制矩形，在"图层"控制面板中生成新的形状图层"矩形 3"。在"属性"面板中进行设置，如图 3-131 所示，效果如图 3-132 所示。

图 3-127   图 3-128   图 3-129   图 3-130

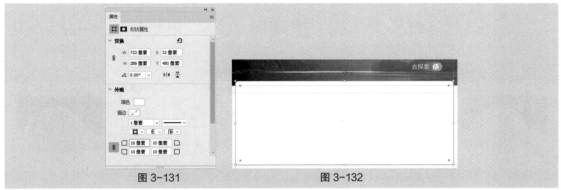

图 3-131   图 3-132

（18）再次绘制一个矩形，在"图层"控制面板中生成新的形状图层"矩形 4"。在属性栏中将"填充"设为浅灰色（235,235,235），"描边"设为无颜色。在"属性"面板中进行设置，如图 3-133 所示。按"Enter"键确认操作。单击"蒙版"按钮，具体设置如图 3-134 所示。按"Enter"键确认操作。在"图层"控制面板中将"矩形 4"拖曳到"矩形 3"图层的下方，如图 3-135 所示，效果如图 3-136 所示。

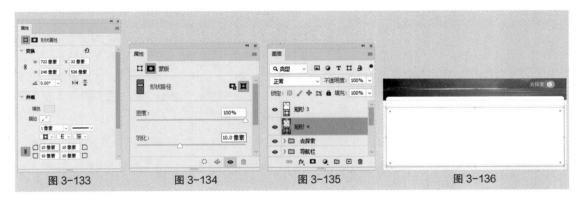

图 3-133   图 3-134   图 3-135   图 3-136

（19）选择"矩形 3"图层。选择"椭圆工具" ○．，按住"Shift"键的同时，在图像窗口中适当的位置绘制圆形，效果如图 3-137 所示，在"图层"控制面板中生成新的形状图层"椭圆 1"。按"Ctrl+J"组合键，复制"椭圆 1"图层，在"图层"控制面板中生成新的形状图层"椭圆 1 拷贝"。按"Ctrl+T"组合键，在图形周围出现变换框，按住"Alt+Shift"组合键的同时，拖曳右上角的控制手柄等比例缩小图形，按"Enter"键确认操作，效果如图 3-138 所示。

（20）选择"文件 > 置入嵌入对象"命令，弹出"置入嵌入的对象"对话框。选择云盘中的"Ch03 > 制作旅游类 App 个人中心页 > 素材 > 08"文件，单击"置入"按钮，将图片置入图像窗口中，再将其拖曳到适当的位置并调整大小，按"Enter"键确认操作，在"图层"控制面板中生成新的图层并将其命名为"头像"。按"Alt+Ctrl+G"组合键，为图层创建剪贴蒙版，效果如图 3-139

所示。

（21）选择"椭圆工具"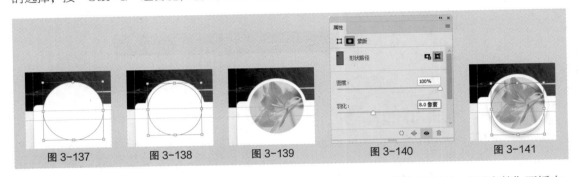，在属性栏中将"填充"设为深蓝色（180,203,213），"描边"设为无颜色。按住"Shift"键的同时，在图像窗口中适当的位置绘制圆形，在"图层"控制面板中生成新的形状图层"椭圆2"。在"属性"面板中单击"蒙版"按钮，具体设置如图3-140所示，按"Enter"键确认操作。

（22）在"图层"控制面板中将"椭圆2"图层的"不透明度"设为70%，并将其拖曳到"椭圆1"图层的下方，效果如图3-141所示。按住"Shift"键的同时，单击"头像"图层，将需要的图层同时选择，按"Ctrl+G"组合键，编组图层并将其命名为"头像"。

图3-137　　　　图3-138　　　　图3-139　　　　图3-140　　　　图3-141

（23）选择"横排文字工具"，在适当的位置输入需要的文字并选择文字。在"字符"面板中，将"颜色"设为深灰色（51,51,51），并设置合适的字体和字号，按"Enter"键确认操作，效果如图3-142所示，在"图层"控制面板中生成新的文字图层。

（24）选择"矩形工具"，在属性栏中将"填充"设为浅灰色（235,235,235），"描边"设为无颜色。在图像窗口中适当的位置绘制矩形，在"图层"控制面板中生成新的形状图层"矩形5"。在"属性"面板中进行设置，如图3-143所示，按"Enter"键确认操作。

（25）选择"文件 > 置入嵌入对象"命令，弹出"置入嵌入的对象"对话框。选择云盘中的"Ch03 > 制作旅游类App个人中心页 > 素材 > 09"文件，单击"置入"按钮，将图标置入图像窗口中，再将其拖曳到适当的位置并调整大小，按"Enter"键确认操作，如图3-144所示，在"图层"控制面板中生成新的图层并将其命名为"等级"。使用相同的方法分别绘制形状、输入文字并置入图标，效果如图3-145所示，在"图层"控制面板中分别生成新的图层。

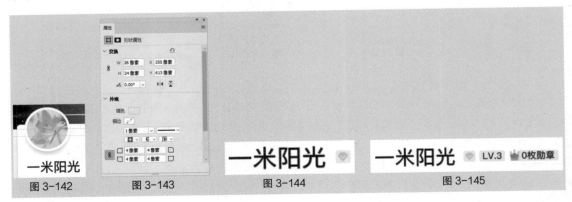

图3-142　　　　图3-143　　　　图3-144　　　　图3-145

（26）按住"Shift"键的同时，单击"矩形5"图层，将需要的图层同时选择，按"Ctrl+G"组合键，编组图层并将其命名为"Vip"，如图3-146所示。

（27）选择"横排文字工具" **T**，在适当的位置分别输入需要的文字并选择文字。在"字符"面板中，将"颜色"设为深灰色（51,51,51）和灰色（153,153,153），并设置合适的字体和字号，按"Enter"键确认操作，效果如图 3-147 所示，在"图层"控制面板中分别生成新的文字图层。

（28）使用上述方法，分别绘制形状并输入文字，效果如图 3-148 所示。按住"Shift"键的同时，单击"矩形 4"图层，将需要的图层同时选择。按"Ctrl+G"组合键，编组图层并将其命名为"用户信息"。

图 3-146   图 3-147   图 3-148

（29）选择"视图 > 新建参考线"命令，弹出"新建参考线"对话框，设置如图 3-149 所示。使用相同的方法再次新建一条水平参考线，具体设置如图 3-150 所示。分别单击"确定"按钮，完成参考线的创建。

（30）选择"矩形工具" **□**，在属性栏中将"填充"设为白色，"描边"设为无颜色。在图像窗口中适当的位置绘制矩形，在"图层"控制面板中生成新的形状图层"矩形 7"。在"属性"面板中进行设置，如图 3-151 所示，效果如图 3-152 所示。

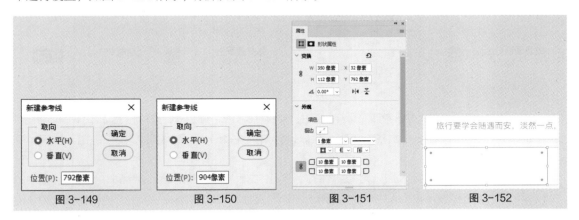

图 3-149   图 3-150   图 3-151   图 3-152

（31）再次绘制一个矩形，在"图层"控制面板中生成新的形状图层"矩形 8"。在属性栏中将"填充"为浅灰色（235,235,235），"描边"设为无颜色。在"属性"面板中进行设置，如图 3-153 所示，按"Enter"键确认操作。单击"蒙版"按钮，具体设置如图 3-154 所示，按"Enter"键确认操作。在"图层"控制面板中将其拖曳到"矩形 7"图层的下方，效果如图 3-155 所示。

（32）选择"矩形 7"图层。选择"横排文字工具" **T**，在适当的位置分别输入需要的文字并选择文字。在"字符"面板中，将"颜色"设为深灰色（51,51,51）和灰色（153,153,153），并设置合适的字体和字号，按"Enter"键确认操作，效果如图 3-156 所示，在"图层"控制面板中分别生成新的文字图层。

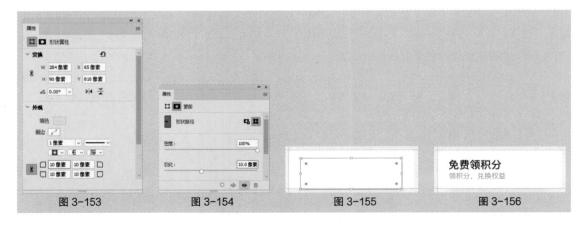

图 3-153　　　　　　图 3-154　　　　　　图 3-155　　　　　　图 3-156

（33）选择"文件 > 置入嵌入对象"命令，弹出"置入嵌入的对象"对话框。选择云盘中的"Ch03 > 制作旅游类 App 个人中心页 > 素材 > 11"文件，单击"置入"按钮，将图标置入图像窗口中，再将其拖曳到适当的位置并调整大小，按"Enter"键确认操作，效果如图 3-157 所示，在"图层"控制面板中生成新的图层并将其命名为"积分"。

（34）按住"Shift"键的同时，单击"矩形 8"图层，将需要的图层同时选择，按"Ctrl+G"组合键，编组图层并将其命名为"领积分"。使用相同的方法，再次绘制形状、输入文字、置入图标并编组图层，如图 3-158 所示，效果如图 3-159 所示。

图 3-157　　　　　　图 3-158　　　　　　　　　　图 3-159

（35）选择"视图 > 新建参考线"命令，弹出"新建参考线"对话框，具体设置如图 3-160 所示。使用相同的方法再次新建一条水平参考线，具体设置如图 3-161 所示。分别单击"确定"按钮，完成参考线的创建。

（36）选择"文件 > 置入嵌入对象"命令，弹出"置入嵌入的对象"对话框。选择云盘中的"Ch03 > 制作旅游类 App 个人中心页 > 素材 > 13"文件，单击"置入"按钮，将图标置入图像窗口中，再将其拖曳到适当的位置并调整大小，按"Enter"键确认操作，效果如图 3-162 所示，在"图层"控制面板中生成新的图层并将其命名为"待付款"。

图 3-160　　　　　　图 3-161　　　　　　图 3-162

（37）单击"图层"控制面板下方的"添加图层样式"按钮 *fx.*，在弹出的菜单中选择"渐变叠加"命令，弹出"图层样式"对话框，单击"渐变"选项右侧的"点按可编辑渐变"按钮 ▨，弹出"渐变编辑器"对话框，在"位置"选项中分别输入 0、100 两个位置点，分别设置两个位置点的"颜色"为 0（255,222,0）、100（255,150,0），如图 3-163 所示。单击"确定"按钮，返回"图层样式"对话框，其他选项的设置如图 3-164 所示。单击"确定"按钮，效果如图 3-165 所示。

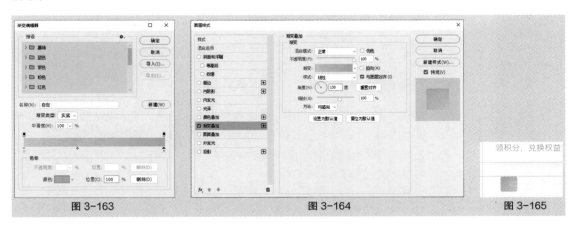

图 3-163　　　　　　　　　　　图 3-164　　　　　　　　　图 3-165

（38）使用相同的方法，再次分别置入需要的图标并添加渐变叠加效果，在"图层"控制面板中分别生成新的图层。选择"横排文字工具" **T.**，在适当的位置分别输入需要的文字并选择文字。在"字符"面板中，将"颜色"设为灰色（153,153,153），并设置合适的字体和字号，按"Enter"键确认操作，效果如图 3-166 所示，在"图层"控制面板中分别生成新的文字图层。

（39）选择"文件 > 置入嵌入对象"命令，弹出"置入嵌入的对象"对话框。选择云盘中的"Ch03 > 制作旅游类 App 个人中心页 > 素材 > 18"文件，单击"置入"按钮，将图标置入图像窗口中，再将其拖曳到适当的位置并调整大小，按"Enter"键确认操作，效果如图 3-167 所示，在"图层"控制面板中生成新的图层并将其命名为"展开"。按住"Shift"键的同时单击"待付款"图层，将需要的图层同时选择，按"Ctrl+G"组合键，编组图层并将其命名为"我的订单"。

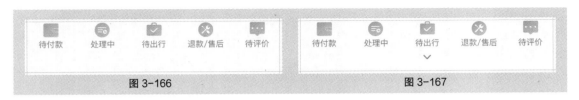

图 3-166　　　　　　　　　　　　　图 3-167

（40）选择"视图 > 新建参考线"命令，弹出"新建参考线"对话框，具体设置如图 3-168 所示。单击"确定"按钮，完成参考线的创建。选择"矩形工具" □，在属性栏中将"填充"设为白色，"描边"设为无颜色。在图像窗口中适当的位置绘制矩形，在"图层"控制面板中生成新的形状图层"矩形 9"。在"属性"面板中进行设置，如图 3-169 所示。

（41）使用上述的方法，分别输入文字，置入图标，添加"颜色叠加"效果并制作投影效果，效果如图 3-170 所示，在"图层"控制面板中生成新的图层组"常用工具"。按住"Shift"键的同时单击"去探索"图层组，将需要的图层组同时选择，按"Ctrl+G"组合键，编组图层组并将其命名为"内容区"，如图 3-171 所示。

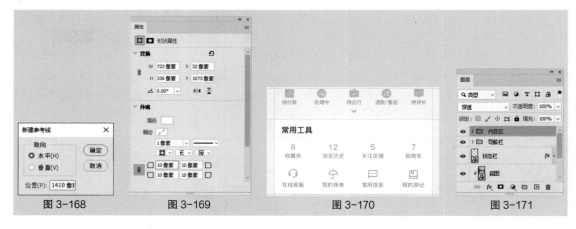

图 3-168   图 3-169   图 3-170   图 3-171

（42）选择"视图 > 新建参考线"命令，弹出"新建参考线"对话框，具体设置如图 3-172 所示。使用相同的方法再次新建一条水平参考线，具体设置如图 3-173 所示。分别单击"确定"按钮，完成参考线的创建。使用上述的方法绘制矩形，并制作投影效果，效果如图 3-174 所示，在"图层"控制面板中生成新的形状图层"矩形 11"。

图 3-172   图 3-173   图 3-174

（43）选择"文件 > 置入嵌入对象"命令，弹出"置入嵌入的对象"对话框。选择云盘中的"Ch03 > 制作旅游类 App 个人中心页 > 素材 > 23"文件，单击"置入"按钮，将图片置入图像窗口中，再将其拖曳到适当的位置，按"Enter"键确认操作，效果如图 3-175 所示，在"图层"控制面板中生成新的图层并将其命名为"标签栏"。

（44）选择"文件 > 置入嵌入对象"命令，弹出"置入嵌入的对象"对话框。选择云盘中的"Ch03 > 制作旅游类 App 个人中心页 > 素材 > 24"文件，单击"置入"按钮，将图片置入图像窗口中，再将其拖曳到适当的位置，按"Enter"键确认操作，效果如图 3-176 所示，在"图层"控制面板中生成新的图层并将其命名为"Home Indicator"，如图 3-177 所示。至此，旅游类 App 个人中心页制作完成。

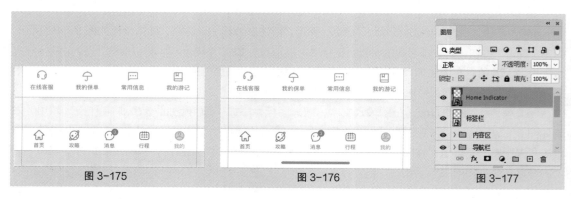

图 3-175   图 3-176   图 3-177

3.3.2 活动视图

活动视图通常称为"共享表单"，用于呈现用户在当前环境中可执行的一系列任务或操作，如图 3-178 所示。用户习惯在选取"共享"按钮时访问系统提供的活动，如图 3-179 所示。

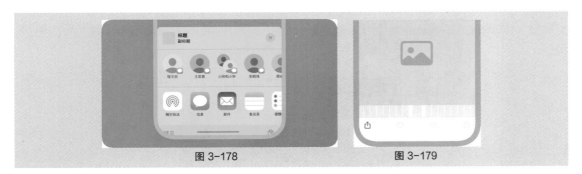

图 3-178 图 3-179

3.3.3 按钮

按钮用于发起瞬时操作，如图 3-180 所示。当需要为无法立即完成的操作提供相关反馈时，可以为按钮配置活动指示符，如图 3-181 所示。

图 3-180 图 3-181

3.3.4 上下文菜单

上下文菜单可让用户访问与项目直接相关的功能，并且不会使界面变得杂乱，如图 3-182 所示。虽然上下文菜单提供了访问常用项目的便捷方式，但它默认隐藏，因此用户可能不知道它的存在。为了显示上下文菜单，用户通常会选择视图或一些内容，然后使用其当前配置支持的输入模式执行操作。

图 3-182

3.3.5　编辑菜单

　　编辑菜单除了提供"剪切""拷贝""粘贴"等相关命令，还可让用户在当前视图中对所选内容进行更改，如图 3-183 所示。除了文本，编辑菜单中的命令还可应用到多种类型的可选内容上，如图像、文件，以及联系人名片、图表或地图位置等。从 iOS 16 起，系统会自动检测所选项目的数据类型，并可能随之在编辑菜单中增加相关命令。例如，选择地址后编辑菜单中会增加获取路线等操作。

图 3-183

3.3.6　菜单

　　菜单会在与用户交互时，以高效利用空间的方式呈现命令，如图 3-184 所示。在 App 或游戏中以统一的方式设计菜单可以帮助用户快速熟悉操作方式。

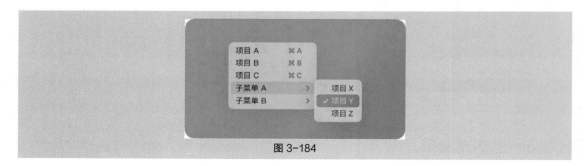

图 3-184

3.3.7　弹出式按钮

　　弹出式按钮用于显示包含互斥命令的菜单，如图 3-185 所示。用户习惯在选取"共享"按钮时访问系统提供的活动，如图 3-186 所示。

图 3-185　　　　　　　　　　　　　　　　　　图 3-186

3.3.8　下拉式按钮

下拉式按钮用于显示与按钮用途直接相关的项目或操作菜单，如图 3-187 所示。用户在下拉式按钮的菜单中选择一个命令后，菜单会关闭，App 会执行相应的操作。UI 设计师经常使用"更多"下拉式按钮来呈现不需要在主界面中占据突出位置的项目，如图 3-188 所示。

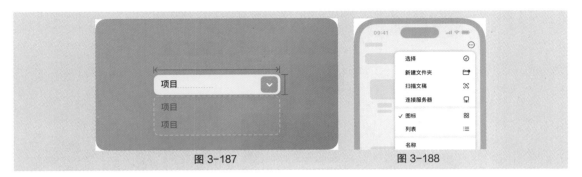

图 3-187　　　　　　　　　图 3-188

3.3.9　工具栏

工具栏可让用户便捷地执行或使用当前视图相关操作的常用命令和控件，如图 3-189 所示。设计时，应考虑内容位于工具栏后方时的工具栏半透明效果，图 3-190 左图为工具栏后方未显示内容时，背景材质不会出现；右图为当内容出现在工具栏后面时，背景材质会发生改变以和内容进行区分。

图 3-189　　　　　　　　　图 3-190

3.4　导航和搜索

3.4.1　课堂案例——制作旅游类 App 首页

【案例学习目标】学习使用"形状工具""文字工具""置入嵌入对象"命令、"创建剪贴蒙版"命令和"添加图层样式"按钮制作旅游类 App 首页。

【案例知识要点】使用"矩形工具""椭圆工具""钢笔工具"绘制形状，使用"置入嵌入对象"命令置入图片和图标，使用"创建剪贴蒙版"命令调整图片显示区域，使用"渐变叠加"命令添加效果，使用"属性"面板制作弥散投影，使用"横排文字工具"输入文字，效果如图 3-191 所示。

【效果所在位置】云盘 >Ch03> 制作旅游类 App 首页 > 工程文件 .psd。

图 3-191

1. 制作 Banner、状态栏、导航栏和页面控件

（1）按"Ctrl+N"组合键，弹出"新建文档"对话框，将"宽度"设为 786 像素，"高度"设为 2140 像素，"分辨率"设为 72 像素 / 英寸，"背景内容"设为浅灰色（249,249,249），如图 3-192 所示。单击"创建"按钮，完成文档新建。

（2）选择"视图 > 新建参考线版面"命令，弹出"新建参考线版面"对话框，具体设置如图 3-193 所示。单击"确定"按钮，完成参考线版面的创建。

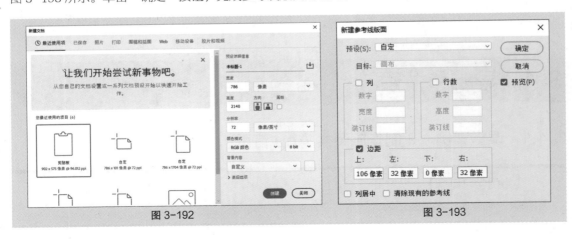

图 3-192 　　　　　　　　　　　　　　　　　图 3-193

（3）选择"矩形工具" ，在属性栏中将"选择工具模式"设为"形状"，将"填充"设为黑色，"描边"设为无颜色。在图像窗口中适当的位置绘制矩形，在"图层"控制面板中生成新的形状图层"矩形1"。选择"窗口 > 属性"命令，弹出"属性"面板，具体设置如图3-194所示。按"Enter"键确认操作，效果如图3-195所示。

（4）选择"文件 > 置入嵌入对象"命令，弹出"置入嵌入的对象"对话框。选择云盘中的"Ch03 > 制作旅游类App首页 > 素材 > 01"文件，单击"置入"按钮，将图片置入图像窗口中，再将其拖曳到适当的位置并调整大小，按"Enter"键确认操作，在"图层"控制面板中生成新的图层并将其命名为"底图"。按"Alt+Ctrl+G"组合键，为图层创建剪贴蒙版，效果如图3-196所示。

图3-194　　　　　图3-195　　　　　图3-196

（5）选择"文件 > 置入嵌入对象"命令，弹出"置入嵌入的对象"对话框。选择云盘中的"Ch03 > 制作旅游类App首页 > 素材 > 02"文件，单击"置入"按钮，将图片置入图像窗口中并拖曳到适当的位置，按"Enter"键确认操作，在"图层"控制面板中生成新的图层并将其命名为"树"。

（6）单击"图层"控制面板下方的"添加图层样式"按钮 *fx*，在弹出的菜单中选择"描边"命令，弹出"图层样式"对话框，设置描边颜色为白色，其他选项的设置如图3-197所示，单击"确定"按钮。按"Alt+Ctrl+G"组合键，为"树"图层创建剪贴蒙版，效果如图3-198所示。

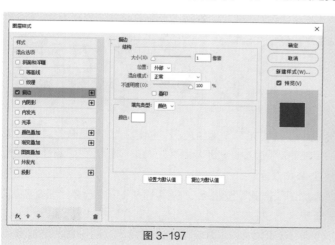 

图3-197　　　　　图3-198

（7）选择"横排文字工具" T.，在适当的位置输入需要的文字并选择文字，选择"窗口＞字符"命令，弹出"字符"面板，将"颜色"设为白色，其他选项的设置如图 3-199 所示。按"Enter"键确认操作，在"图层"控制面板中生成新的文字图层。选择文字"6"，在"字符"面板中进行设置，效果如图 3-200 所示。

图 3-199　　　　　　　　　　　　　图 3-200

（8）按"Ctrl+J"组合键，复制文字图层，在"图层"控制面板中生成新的文字图层"景点 6 折起 拷贝"。选择"横排文字工具" T.，删除不需要的文字，并调整文字的位置。在"图层"控制面板中，取消文字的内部颜色，只保留描边效果。

（9）单击"图层"控制面板下方的"添加图层样式"按钮 fx，在弹出的菜单中选择"描边"命令，弹出"图层样式"对话框，设置描边颜色为白色，其他选项的设置如图 3-201 所示。单击"确定"按钮，效果如图 3-202 所示。

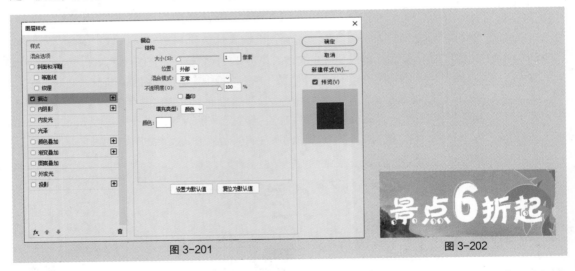

图 3-201　　　　　　　　　　　　　图 3-202

（10）选择"矩形工具" □.，在属性栏中将"填充"设为白色，"描边"设为无颜色。在图像窗口中适当的位置绘制矩形，在"图层"控制面板中生成新的形状图层"矩形 2"。在"属性"面板中进行设置，如图 3-203 所示，效果如图 3-204 所示。

（11）单击"图层"控制面板下方的"添加图层样式"按钮 fx，在弹出的菜单中选择"渐变叠加"命令，弹出"图层样式"对话框。单击"渐变"选项右侧的"点按可编辑渐变"按钮 ▬▬▬▬ ，弹出"渐变编辑器"对话框，在"位置"选项中分别输入 0、100 两个位置点，分别设置两个位置点的"颜色"为 0（255,137,51）、100（250,175,137），如图 3-205 所示。

| 图 3-203 | 图 3-204 | 图 3-205 |

（12）单击"确定"按钮，返回"图层样式"对话框，其他选项的设置如图 3-206 所示。切换到"描边"选项卡，设置描边颜色为淡黄色（255,248,234），其他选项的设置如图 3-207 所示，单击"确定"按钮。

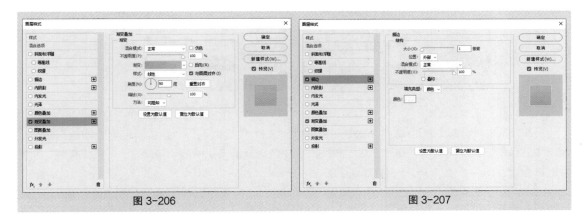

| 图 3-206 | 图 3-207 |

（13）选择"横排文字工具" T，在适当的位置输入需要的文字并选择文字。在"字符"面板中，将"颜色"设为白色，并设置合适的字体和字号，按"Enter"键确认操作，效果如图 3-208 所示，在"图层"控制面板中生成新的文字图层。

（14）选择"钢笔工具" ，在属性栏中将"填充"设为无颜色，"描边"设为白色，"粗细"设为 1 像素，在适当的位置绘制一条不规则曲线，在"图层"控制面板中生成新的形状图层"形状 1"。使用相同的方法绘制多条曲线，效果如图 3-209 所示，在"图层"控制面板中分别生成新的形状图层。

（15）按住"Shift"键的同时单击"形状 1"图层，将需要的图层同时选择。按"Ctrl+G"组合键，编组图层并将其命名为"装饰"。按住"Shift"键的同时，单击"矩形 1"图层，将需要的图层同时选择。按"Ctrl+G"组合键，编组图层并将其命名为"Banner"，如图 3-210 所示。

（16）选择"文件 > 置入嵌入对象"命令，弹出"置入嵌入的对象"对话框。选择云盘中的"Ch03 > 制作旅游类 App 首页 > 素材 > 03"文件，单击"置入"按钮，将图片置入图像窗口中，再将其拖曳到适当的位置，按"Enter"键确认操作，效果如图 3-211 所示，在"图层"控制面板中生成新的图层并将其命名为"状态栏"。

图 3-208　　　　　　　　　　　图 3-209　　　　　　　　　　　图 3-210

（17）选择"文件 > 置入嵌入对象"命令，弹出"置入嵌入的对象"对话框。选择云盘中的 "Ch03 > 制作旅游类 App 首页 > 素材 > 04"文件，单击"置入"按钮，将图片置入图像窗口中，再将其拖曳到适当的位置，按"Enter"键确认操作，效果如图 3-212 所示，在"图层"控制面板中生成新的图层并将其命名为"导航栏"。

图 3-211　　　　　　　　　　　图 3-212

（18）选择"矩形工具" ▢，在属性栏中将"填充"设为白色，"描边"设为无颜色。在图像窗口中适当的位置绘制矩形，在"图层"控制面板中生成新的形状图层"矩形 3"。在"属性"面板中进行设置，如图 3-213 所示，效果如图 3-214 所示。

（19）选择"椭圆工具" ◯，按住 Shift 键的同时，在图像窗口中适当的位置绘制圆形，在"图层"控制面板中生成新的形状图层"椭圆 1"，将"椭圆 1"图层的"不透明度"设为 60%。

（20）选择"路径选择工具" ▸，按住"Alt+Shift"组合键的同时，选择圆形，在图像窗口中将其水平向右拖曳，复制形状。使用相同的方法再次复制出 3 个圆形，按"Enter"键确认操作，效果如图 3-215 所示。按住"Shift"键的同时单击"矩形 3"图层，将需要的图层同时选择。按"Ctrl+G"组合键，编组图层并将其命名为"页面控件"。

图 3-213　　　　　　　　　　　图 3-214　　　　　　　　　　　图 3-215

2. 制作金刚区、瓷片区、分段控件和热搜

（1）选择"视图 > 新建参考线"命令，弹出"新建参考线"对话框，具体设置如图 3-216 所示。单击"确定"按钮，完成参考线的创建。使用相同的方法再次新建两条水平参考线，具体设置如图 3-217 和图 3-218 所示。分别单击"确定"按钮，完成参考线的创建。

（2）选择"文件 > 置入嵌入对象"命令，弹出"置入嵌入的对象"对话框。选择云盘中的"Ch03 > 制作旅游类 App 首页 > 素材 > 05"文件，单击"置入"按钮，将图片置入图像窗口中，再将其拖曳到适当的位置，按"Enter"键确认操作，效果如图 3-219 所示，在"图层"控制面板中生成新的图层并将其命名为"金刚区"。

图 3-216　　　　　　图 3-217　　　　　　图 3-218　　　　　　图 3-219

（3）选择"视图 > 新建参考线"命令，弹出"新建参考线"对话框，具体设置如图 3-220 所示。使用相同的方法再次新建一条水平参考线和两条垂直参考线，具体设置如图 3-221 ～图 3-223 所示。分别单击"确定"按钮，完成参考线的创建。

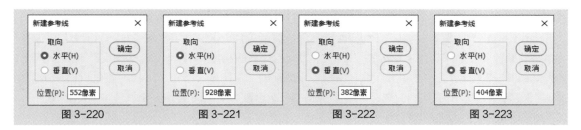

图 3-220　　　　　　图 3-221　　　　　　图 3-222　　　　　　图 3-223

（4）选择"文件 > 置入嵌入对象"命令，弹出"置入嵌入的对象"对话框。选择云盘中的"Ch03 > 制作旅游类 App 首页 > 素材 > 06"文件，单击"置入"按钮，将图片置入图像窗口中，再将其拖曳到适当的位置，按"Enter"键确认操作，效果如图 3-224 所示，在"图层"控制面板中生成新的图层并将其命名为"瓷片区"。

（5）选择"视图 > 新建参考线"命令，弹出"新建参考线"对话框，具体设置如图 3-225 所示。使用相同的方法再次新建一条水平参考线，设置如图 3-226 所示。分别单击"确定"按钮，完成参考线的创建。

图 3-224　　　　　　图 3-225　　　　　　图 3-226

（6）按"Ctrl + O"组合键，打开云盘中的"Ch03 > 制作旅游类 App 首页 > 素材 > 07"文件，在"图层"控制面板中，选择"分段控件"图层组。选择"移动工具" ，将选择的图层组拖曳到新建的图像窗口中适当的位置，效果如图 3-227 所示。

（7）选择"视图 > 新建参考线"命令，弹出"新建参考线"对话框，具体设置如图 3-228 所示。使用相同的方法再次新建一条水平参考线，具体设置如图 3-229 所示。分别单击"确定"按钮，完成参考线的创建。

（8）选择"矩形工具" ，在属性栏中将"填充"设为浅灰色（240,242,245），"描边"设为无颜色。在图像窗口中适当的位置绘制矩形，在"图层"控制面板中生成新的形状图层"矩形 4"。在"属性"面板中进行设置，如图 3-230 所示，效果如图 3-231 所示。

（9）选择"文件 > 置入嵌入对象"命令，弹出"置入嵌入的对象"对话框。选择云盘中的"Ch03 > 制作旅游类 App 首页 > 素材 > 08"文件，单击"置入"按钮，将图标置入图像窗口中，再将其拖曳到适当的位置并调整大小，按"Enter"键确认操作，如图 3-232 所示，在"图层"控制面板中生成新的图层并将其命名为"热门"。

（10）选择"横排文字工具" ，在适当的位置输入需要的文字并选择文字。在"字符"面板中，将"颜色"设为深灰色（125,131,140），并设置合适的字体和字号，按"Enter"键确认操作，效果如图 3-233 所示，在"图层"控制面板中生成新的文字图层。按住"Shift"键的同时单击"矩形 4"图层，将需要的图层同时选择。按"Ctrl+G"组合键，编组图层并将其命名为"火星营地"，如图 3-234 所示。

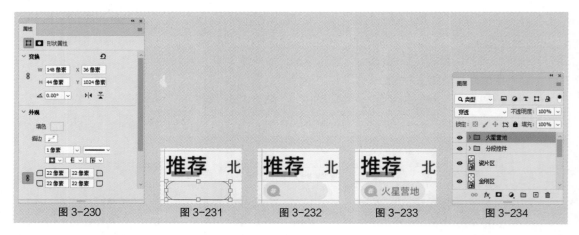

（11）使用相同的方法分别绘制形状，输入文字并编组图层，在"图层"控制面板中分别生成新的图层组，如图 3-235 所示，效果如图 3-236 所示。按住"Shift"键的同时单击"火星营地"图层组，将需要的图层组同时选择。按"Ctrl+G"组合键，编组图层组并将其命名为"热搜"，如图 3-237 所示。

图 3-235　　　　　　　　　　　　图 3-236　　　　　　　　　　　　图 3-237

3.　制作瀑布流和标签栏

（1）选择"矩形工具" ▢，在属性栏中将"填充"设为灰色（199,207,220），"描边"设为无颜色。在图像窗口中适当的位置绘制矩形，在"图层"控制面板中生成新的形状图层"矩形5"。在"属性"面板中进行设置，如图3-238所示。按"Enter"键确认操作，效果如图3-239所示。

（2）选择"文件 > 置入嵌入对象"命令，弹出"置入嵌入的对象"对话框。选择云盘中的"Ch03 > 制作旅游类App首页 > 素材 > 09"文件，单击"置入"按钮，将图片置入图像窗口中，再将其拖曳到适当的位置，按"Enter"键确认操作，在"图层"控制面板中生成新的图层并将其命名为"图片1"。按"Alt+Ctrl+G"组合键，为"图片1"图层创建剪贴蒙版，效果如图3-240所示。

图 3-238　　　　　　　　　　　图 3-239　　　　　　　　　　　图 3-240

（3）选择"矩形工具" ▢，在属性栏中将"填充"设为深绿色（185,202,206），"描边"设为无颜色。在图像窗口中适当的位置绘制矩形，在"图层"控制面板中生成新的形状图层"矩形6"。在"属性"面板中进行设置，如图3-241所示，按"Enter"键确认操作。单击"蒙版"按钮，具体设置如图3-242所示，按"Enter"键确认操作。在"图层"控制面板中将"矩形6"图层的"不透明度"设为60%，并将其拖曳到"矩形5"图层的下方，如图3-243所示，效果如图3-244所示。

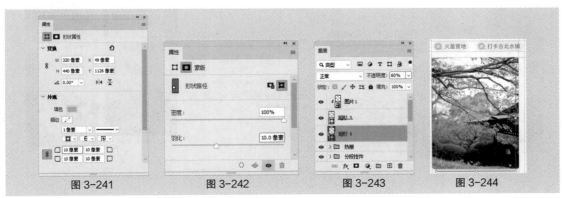

图 3-241　　　　　　　图 3-242　　　　　　　图 3-243　　　　　　　图 3-244

（4）选择"图片1"图层。选择"矩形工具" 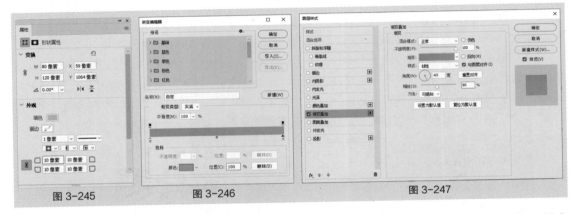，在属性栏中将"填充"设为灰色（199,207,220），"描边"设为无颜色，在图像窗口中适当的位置绘制矩形，在"图层"控制面板中生成新的形状图层"矩形7"。在"属性"面板中进行设置，如图3-245所示，按"Enter"键确认操作。

（5）单击"图层"控制面板下方的"添加图层样式"按钮 fx，在弹出的菜单中选择"渐变叠加"命令，弹出"图层样式"对话框。单击"渐变"选项右侧的"点按可编辑渐变"按钮，弹出"渐变编辑器"对话框，在"位置"选项中分别输入0、100两个位置点，分别设置两个位置点的"颜色"为0（251,99,75）、100（251,129,66），如图3-246所示。单击"确定"按钮，返回"图层样式"对话框，其他选项的设置如图3-247所示，单击"确定"按钮。按"Alt+Ctrl+G"组合键，为"矩形7"图层创建剪贴蒙版。

图3-245 图3-246 图3-247

（6）选择"横排文字工具" T，在适当的位置输入需要的文字并选择文字。在"字符"面板中将"颜色"设为白色，并设置合适的字体和字号，按"Enter"键确认操作，效果如图3-248所示，在"图层"控制面板中生成新的文字图层。

（7）使用上述的方法分别置入图片和图标，绘制形状并添加渐变效果，输入文字，效果如图3-249所示。在"图层"控制面板中分别生成新的图层。按住"Shift"键的同时单击"矩形6"图层，将需要的图层同时选择。按"Ctrl+G"组合键，编组图层并将其命名为"今日榜首"，如图3-250所示。使用相同的方法分别绘制形状，置入图片并输入文字，效果如图3-251所示。

图3-248 图3-249 图3-250 图3-251

（8）在"图层"控制面板中分别生成新的图层组，如图 3-252 所示。按住"Shift"键的同时，单击"今日榜首"图层组，将需要的图层组同时选择。按"Ctrl+G"组合键，编组图层组并将其命名为"瀑布流"，如图 3-253 所示。

（9）选择"视图 > 新建参考线"命令，弹出"新建参考线"对话框，具体设置如图 3-254 所示。使用相同的方法再次新建一条水平参考线，具体设置如图 3-255 所示。分别单击"确定"按钮，完成参考线的创建。

图 3-252　　　　　图 3-253　　　　　图 3-254　　　　　图 3-255

（10）选择"矩形工具" ，在属性栏中将"填充"设为白色，"描边"设为无颜色。在图像窗口中适当的位置绘制矩形，如图 3-256 所示，在"图层"控制面板中生成新的形状图层"矩形 11"。

图 3-256

（11）选择"文件 > 置入嵌入对象"命令，弹出"置入嵌入的对象"对话框。选择云盘中的"Ch03 > 制作旅游类 App 首页 > 素材 > 16"文件，单击"置入"按钮，将图片置入图像窗口中，再将其拖曳到适当的位置，按"Enter"键确认操作，效果如图 3-257 所示，在"图层"控制面板中生成新的图层并将其命名为"标签栏"。

图 3-257

（12）选择"矩形工具" ，在属性栏中将"填充"设为深蓝色（42,42,68），"描边"设为无颜色。在图像窗口中适当的位置绘制矩形，在"图层"控制面板中生成新的形状图层"矩形 12"。在"属性"面板中单击"蒙版"按钮，具体设置如图 3-258 所示，按"Enter"键确认操作。

（13）在"图层"控制面板中将"矩形 12"图层的"不透明度"设为 30%，并将其拖曳到"矩形 11"图层的下方，效果如图 3-259 所示。

（14）选择"文件 > 置入嵌入对象"命令，弹出"置入嵌入的对象"对话框。选择云盘中的"Ch03 > 制作旅游类 App 首页 > 素材 > 17"文件，单击"置入"按钮，将图片置入图像窗口中，再将其拖曳到适当的位置，按"Enter"键确认操作，效果如图 3-260 所示，在"图层"控制面板中生成新的图层并将其命名为"Home Indicator"。至此，旅游类 App 首页制作完成。

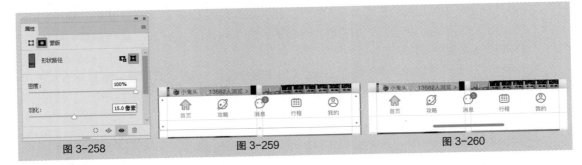

图 3-258　　　　　　　　图 3-259　　　　　　　　图 3-260

3.4.2　导航栏

导航栏通常显示在窗口或屏幕顶部，用于帮助用户了解内容层级结构，如图 3-261 所示。一般情况下，使用大标题帮助用户在导航和滚动时始终清楚其所在位置；当用户开始滚动内容时，大标题会默认转换为标准标题，并在用户滚动到顶部时变回大标题，从而提醒当前所在的位置，图 3-262 左图为标准标题，右图为大标题。

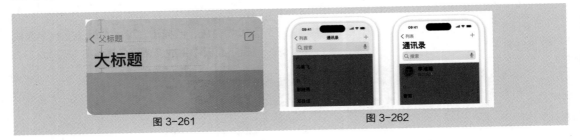

图 3-261　　　　　　　　　　　图 3-262

3.4.3　搜索栏

搜索栏可让用户按输入的特定词来搜索一系列内容，如图 3-263 所示。在 iOS 中，可以使用范围栏帮助用户细化搜索的范围，如图 3-264 所示。

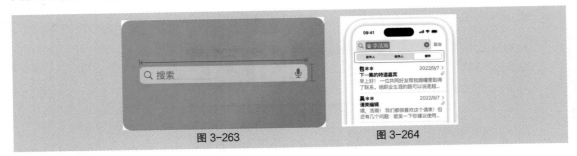

图 3-263　　　　　　　　　图 3-264

3.4.4　边栏

边栏提供了对顶层内容集合的快速访问功能，可帮助用户导航，如图 3-265 所示。在 App 中，边栏指的是顶层内容集合的列表，几乎始终显示在拆分视图的主要面板中。当用户在边栏中选取项目时，拆分视图会在二级面板中显示该项目的详细信息；如果该项目包含一个列表，二级面板会显示列表，三级面板则显示详细信息。例如，iOS 中的"邮件"使用边栏来显示

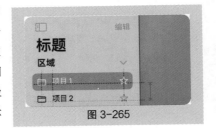

图 3-265

账户和邮箱列表，通常在二级面板中显示邮件列表，在三级面板中显示邮件内容。

边栏可能会占用大量水平空间，尤其是当想让边栏及其随附面板同时可见时。在水平方向受限的布局中，不妨考虑使用替代组件（如标签栏）。

3.4.5 标签栏

标签栏可帮助用户理解视图提供的不同类型的信息或功能，还可让用户在视图的不同部分之间快速切换，同时保留各个部分中的当前导览状态，如图 3-266 所示。标签栏可以是常规型或紧凑型，具体取决于当前的设备和屏幕方向。此外，标签栏图标在竖排时显示在标签标题上方，而在横排时，图标和标题可以并排显示，如图 3-267 所示。

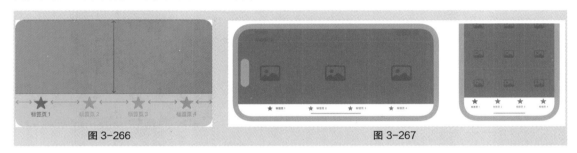

图 3-266   图 3-267

3.5 呈现方式

3.5.1 课堂案例——制作旅游类 App 引导页

【案例学习目标】学习使用"文字工具""移动工具""置入嵌入对象"命令和"添加图层样式"按钮制作旅游类 App 引导页。

【案例知识要点】使用"置入嵌入对象"命令置入图像和图标，使用"渐变叠加"命令和"颜色叠加"命令添加效果，使用"横排文字工具"输入文字，使用"矩形工具"绘制按钮，效果如图 3-268 所示。

【效果所在位置】云盘 >Ch03> 制作旅游类 App 引导页 > 工程文件 1 ～ 3.psd。

微课

制作旅游类
App 引导页

图 3-268

（1）按"Ctrl+N"组合键，弹出"新建文档"对话框，将"宽度"设为786像素，"高度"设为1704像素，"分辨率"设为72像素/英寸，"背景内容"设为白色，如图3-269所示。单击"创建"按钮，完成文档新建。

（2）选择"文件>置入嵌入对象"命令，弹出"置入嵌入的对象"对话框。选择云盘中的"Ch03>制作旅游类App引导页>素材>01"文件，单击"置入"按钮，将图片置入图像窗口中。按"Enter"键确认操作，效果如图3-270所示，在"图层"控制面板中生成新的图层并将其命名为"背景图"。

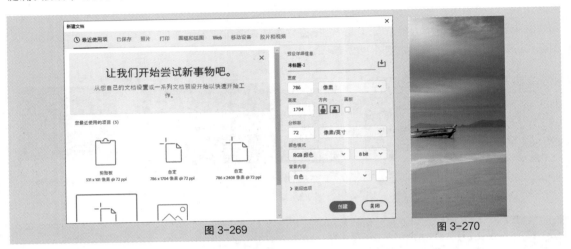

图3-269　　　　　　　　　　　　图3-270

（3）单击"图层"控制面板下方的"创建新图层"按钮，在"图层"控制面板生成新的图层"图层1"。将"前景色"设为黑色，按"Alt+Delete"组合键，为"图层1"填充前景色。在"图层"控制面板中将"填充"设为0%。

（4）单击"图层"控制面板下方的"添加图层样式"按钮，在弹出的菜单中选择"渐变叠加"命令，弹出"图层样式"对话框。单击"渐变"选项右侧的"点按可编辑渐变"按钮，弹出"渐变编辑器"对话框，在"位置"选项中分别输入0、100两个位置点，将两个位置点的"颜色"均设为黑色；设置两个位置点的"不透明度"为0（30%）、100（0%），如图3-271所示。单击"确定"按钮，返回"图层样式"对话框，其他选项的设置如图3-272所示，单击"确定"按钮。

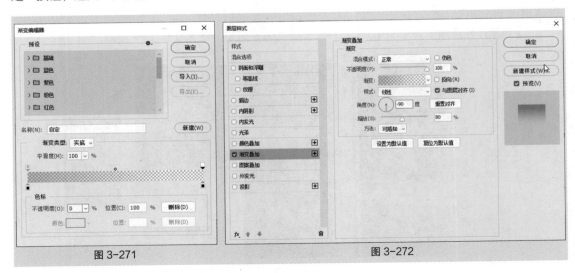

图3-271　　　　　　　　　　　　图3-272

（5）选择"视图 > 新建参考线版面"命令，弹出"新建参考线版面"对话框，具体设置如图 3-273 所示。单击"确定"按钮，完成参考线版面的创建，效果如图 3-274 所示。

（6）选择"文件 > 置入嵌入对象"命令，弹出"置入嵌入的对象"对话框。选择云盘中的 "Ch03 > 制作畅游旅游 App > 制作畅游旅游 App 引导页 > 素材 > 02"文件，单击"置入"按钮，将图片置入图像窗口中，再将其拖曳到适当的位置，按"Enter"键确认操作，效果如图 3-275 所示，在"图层"控制面板中生成新的图层并将其命名为"状态栏"。

图 3-273　　　　　　　图 3-274　　　　　　　图 3-275

（7）单击"图层"控制面板下方的"添加图层样式"按钮 *fx*，在弹出的菜单中选择"颜色叠加"命令，弹出"图层样式"对话框，设置叠加颜色为白色，其他选项的设置如图 3-276 所示，单击"确定"按钮。

（8）选择"视图 > 新建参考线"命令，弹出"新建参考线"对话框，具体设置如图 3-277 所示。单击"确定"按钮，完成参考线的创建。

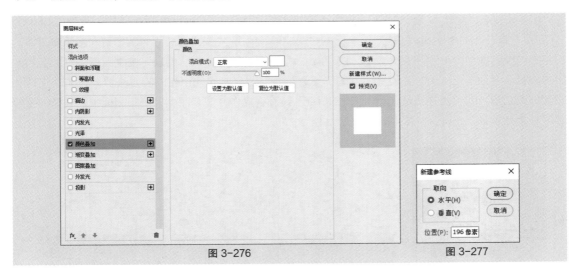

图 3-276　　　　　　　　　　　　图 3-277

（9）选择"文件 > 置入嵌入对象"命令，弹出"置入嵌入的对象"对话框。选择云盘中的"Ch03 > 制作畅游旅游 App > 制作畅游旅游 App 引导页 > 素材 > 03"文件，单击"置入"按钮，将图标置入图像窗口中，再将其拖曳到适当的位置并调整大小，按"Enter"键确认操作，效果如图 3-278 所示，在"图层"控制面板中生成新的图层并将其命名为"关闭"。按"Ctrl + G"组合键，编组图层并将其命名为"导航栏"，如图 3-279 所示。

（10）选择"横排文字工具" **T.**，在适当的位置输入需要的文字并选择文字。在"字符"面板中，将"颜色"设为白色，并设置合适的字体和字号，按"Enter"键确认操作，效果如图 3-280 所示，在"图层"控制面板中生成新的文字图层。

（11）使用相同的方法，在适当的位置分别输入需要的文字并设置合适的字体和字号，按"Enter"键确认操作，效果如图 3-281 所示，在"图层"控制面板中分别生成新的文字图层。

图 3-278   图 3-279   图 3-280

（12）按"Ctrl + O"组合键，打开云盘中的"Ch03 > 制作旅游类 App 引导页 > 素材 > 04"文件，在"图层"控制面板中选择"页面控件"图层组。选择"移动工具" **⊕.**，将选择的图层组拖曳到新建的图像窗口中适当的位置。

（13）选择"横排文字工具" **T.**，在适当的位置输入需要的文字并选择文字。在"字符"面板中，将"颜色"设为白色，并设置合适的字体和字号，按"Enter"键确认操作，在"图层"控制面板中生成新的文字图层。在属性面板上方设置文字的"不透明度"设为 50%，形成半透明效果，如图 3-282所示表示未激活状态。

（14）选择"文件 > 置入嵌入对象"命令，弹出"置入嵌入的对象"对话框。选择云盘中的"Ch03 > 制作旅游类 App 引导页 > 素材 > 05"文件，单击"置入"按钮，将图标置入图像窗口中，再将其拖曳到适当的位置并调整大小，按"Enter"键确认操作，在"图层"控制面板中生成新的图层并将其命名为"上一页"，设置图层的"不透明度"为 50%。使用相同的方法置入"06"文件，将其拖曳到适当的位置并调整大小，按"Enter"键确认操作，在"图层"控制面板中生成新的图层并将其命名为"下一页"，效果如图 3-283 所示。

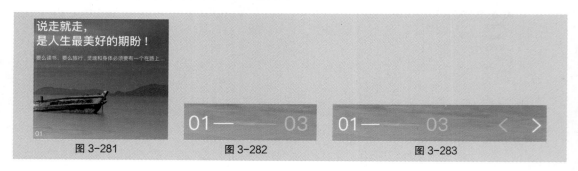

图 3-281   图 3-282   图 3-283

（15）按住"Shift"键的同时单击"说走就走，…的期盼！"文字图层，将需要的图层同时选择。按"Ctrl+G"组合键，编组图层并将其命名为"内容区"。

（16）选择"文件 > 置入嵌入对象"命令，弹出"置入嵌入的对象"对话框。选择云盘中的"Ch03 > 制作旅游类 App 引导页 > 素材 > 07"文件，单击"置入"按钮，将图片置入图像窗口中，再将其拖曳到适当的位置，按"Enter"键确认操作，在"图层"控制面板中生成新的图层并将其命名为"Home Indicator"。将"Home Indicator"图层的"不透明度"设为 60%，如图 3-284 所示，效果如图 3-285 所示。至此，旅游类 App 引导页 1 制作完成，将文件保存。

（17）使用上述的方法制作引导页 2 和引导页 3，效果如图 3-286 和图 3-287 所示。至此，旅游类 App 引导页制作完成。

图 3-284　　　　　　图 3-285　　　　　　图 3-286　　　　　　图 3-287

3.5.2　操作表单

操作表单是一种模态视图，用于呈现与用户所发起的操作相关的选项，如图 3-288 所示。

图 3-288

3.5.3　提醒

提醒会为用户提供立即所需的关键信息，如图 3-289 所示。

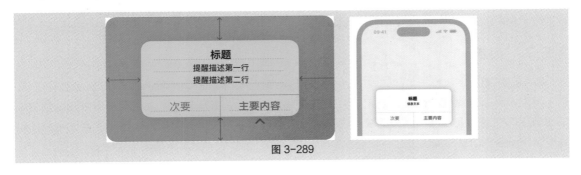

图 3-289

3.5.4 页面控件

页面控件显示了一行指示符图像，其中每个指示符图像都代表扁平列表中的一个页面，如图 3-290 所示。设计时，应避免在同一个页面控件中使用两个以上的不同指示符图像，图 3-291 左图仅使用两个不同的指示符图像，看上去井然有序，并提供了一致的使用体验；而右图使用了几个不同的指示符图像，会使页面控件看起来较为混乱，且不易使用。

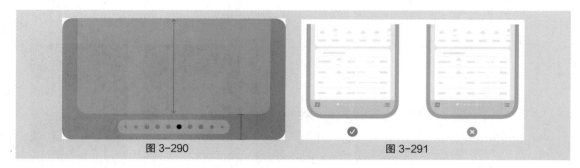

图 3-290　　　　　　　　　　　　　　图 3-291

3.5.5 弹窗

弹出窗口（简称"弹窗"）是一种瞬态视图，当用户点击控件或交互区域时，它会显示在其他内容之上，如图 3-292 所示。

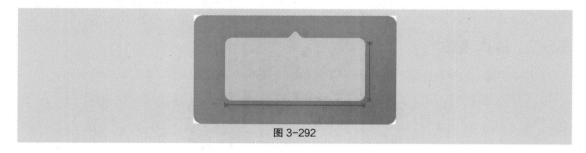

图 3-292

3.5.6 滚动视图

滚动视图让用户通过垂直或水平移动内容来查看超出视图边框的内容，如图 3-293 所示。滚动视图本身没有外观，但是，通常在用户开始滚动视图内容后，它可以显示出半透明的滚动指示符。虽然滚动指示符的外观和行为可能会因各个平台而异，但所有指示符都会提供有关滚动操作的视觉反馈。例如在 iOS 中，滚动指示符会显示当前可见内容是位于视图的开头、中间还是结尾附近。

图 3-293

3.5.7 表单

表单可帮助用户执行与当前环境密切相关的小范围任务，如图 3-294 所示。表单默认是模态表单，用于提供一种有针对性的体验，让用户在关闭表单前无法与父视图交互。在向用户请求特定信息或呈现用户可在返回父视图前完成的简单任务时，模态表单非常有用。例如，表单可能会让用户提供完成操作所需的信息，如附上文件、选取移动或存储的位置，或者指定所选内容的格式。

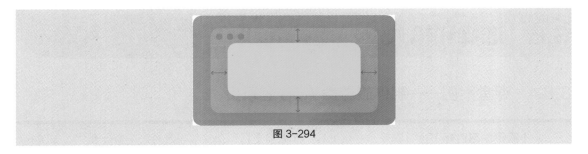

图 3-294

iOS 中的表单还可能为非模态。当屏幕上显示非模态表单时，用户可以使用其功能直接影响父视图中的当前任务，而无须关闭表单。例如，iPhone 上的"备忘录"使用非模态表单，以帮助用户在编辑备忘录时为各种所选文本应用不同的格式，如图 3-295 所示。

图 3-295

3.5.8　窗口

窗口包含呈现 App 或游戏 UI 的视图和组件，如图 3-296 所示。窗口（或场景）可能无法被用户察觉，具体取决于平台、设备和环境。例如，在 iOS 中，全屏幕是默认的使用体验。用户查看窗口中的内容并与之交互，而不是查看窗口本身或与窗口本身交互。在这些情况下，UI 设计师无须在 App 或游戏中设计窗口（或场景）本身的外观。

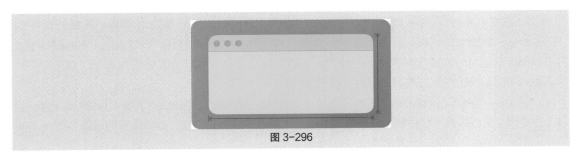

图 3-296

3.6 选择和输入

3.6.1 课堂案例——制作旅游类 App 登录页

【案例学习目标】学习使用"形状工具""文字工具""置入嵌入对象"命令和"添加图层样式"按钮制作旅游类 App 登录页。

【案例知识要点】使用"矩形工具""直线工具"绘制形状，使用"置入嵌入对象"命令置入图片和图标，使用"颜色叠加"命令添加效果，使用"横排文字工具"输入文字，效果如图 3-297 所示。

【效果所在位置】云盘 >Ch03> 制作旅游类 App 登录页 > 工程文件 .psd。

图 3-297

（1）按"Ctrl+N"组合键，弹出"新建文档"对话框，将"宽度"设为 786 像素，"高度"设为 1704 像素，"分辨率"设为 72 像素 / 英寸，"背景内容"设为白色，如图 3-298 所示。单击"创建"按钮，完成文档新建。

（2）选择"文件 > 置入嵌入对象"命令，弹出"置入嵌入的对象"对话框。选择云盘中的"Ch03 > 制作旅游类 App 登录页 > 素材 > 01"文件，单击"置入"按钮，将图片置入图像窗口中，再将其拖曳到适当的位置并调整大小，按"Enter"键确认操作，效果如图 3-299 所示，在"图层"控制面板中生成新的图层并将其命名为"背景图"。

（3）单击"图层"控制面板下方的"添加图层样式"按钮 fx，在弹出的菜单中选择"颜色叠加"命令，弹出"图层样式"对话框，设置叠加颜色为深灰色（51,51,51），其他选项的设置如图 3-300 所示。单击"确定"按钮，效果如图 3-301 所示。

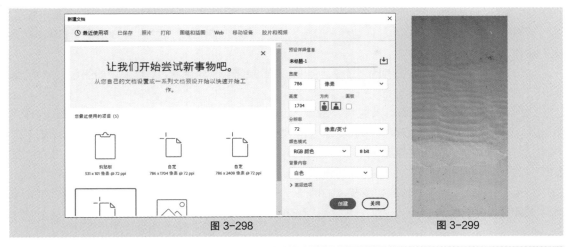

图 3-298　　　　　　　　　　　　图 3-299

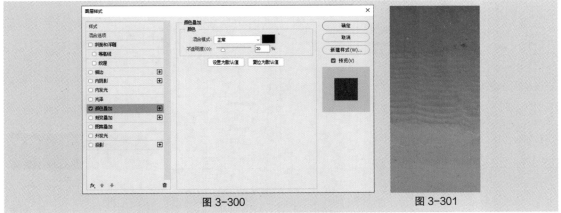

图 3-300　　　　　　　　　　　　图 3-301

（4）选择"视图 > 新建参考线版面"命令，弹出"新建参考线版面"对话框，具体设置如图 3-302 所示。单击"确定"按钮，完成参考线的创建，效果如图 3-303 所示。

（5）选择"文件 > 置入嵌入对象"命令，弹出"置入嵌入的对象"对话框。选择云盘中的 "Ch03 > 制作旅游类 App 登录页 > 素材 > 02"文件，单击"置入"按钮，将图片置入图像窗口中，再将其拖曳到适当的位置，按"Enter"键确认操作，效果如图 3-304 所示，在"图层"控制面板中生成新的图层并将其命名为"状态栏"。

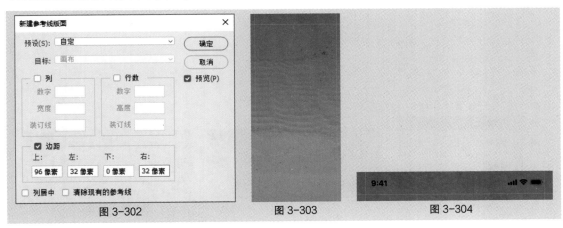

图 3-302　　　　　　　图 3-303　　　　　　　图 3-304

（6）单击"图层"控制面板下方的"添加图层样式"按钮 fx，在弹出的菜单中选择"颜色叠加"命令，弹出"图层样式"对话框，设置叠加颜色为白色，其他选项的设置如图 3-305 所示，单击"确定"按钮。

（7）选择"视图 > 新建参考线"命令，弹出"新建参考线"对话框，具体设置如图 3-306 所示。单击"确定"按钮，完成参考线的创建。

（8）选择"文件 > 置入嵌入对象"命令，弹出"置入嵌入的对象"对话框。选择云盘中的"Ch03 > 制作旅游类 App 登录页 > 素材 > 03"文件，单击"置入"按钮，将图标置入图像窗口中，再将其拖曳到适当的位置并调整大小，按"Enter"键确认操作，在"图层"控制面板中生成新的图层并将其命名为"返回"。使用相同的方法置入"04"文件，将其拖曳到适当的位置并调整大小，按"Enter"键确认操作，效果如图 3-307 所示，在"图层"控制面板中生成新的图层并将其命名为"关闭"。

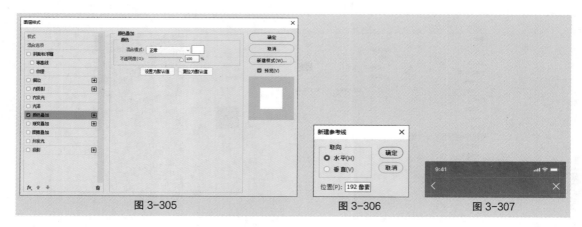

图 3-305　　　　　　　　　　　　图 3-306　　　　　　　　图 3-307

（9）按住"Shift"键的同时单击"返回"图层，将需要的图层同时选择，按"Ctrl+G"组合键，编组图层并将其命名为"导航栏"，如图 3-308 所示。

（10）选择"横排文字工具" T，在适当的位置分别输入需要的文字并选择文字。选择"窗口 > 字符"命令，弹出"字符"面板，将"颜色"设为白色，并分别设置合适的字体和字号，按"Enter"键确认操作，效果如图 3-309 所示，在"图层"控制面板中分别生成新的文字图层。

（11）按"Ctrl + O"组合键，打开云盘中的"Ch03 > 制作旅游类 App 登录页 > 素材 > 05"文件，在"图层"控制面板中，选择"文本框控件"图层组。选择"移动工具" $\oplus$，将选择的图层组拖曳到新建的图像窗口中适当的位置，效果如图 3-310 所示。

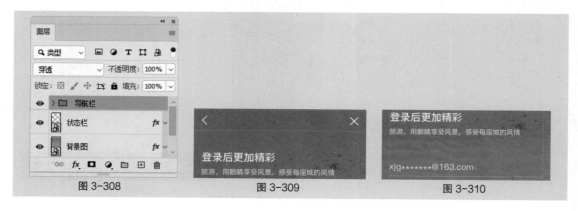

图 3-308　　　　　　　　　　图 3-309　　　　　　　　　图 3-310

（12）选择"横排文字工具" T.，在适当的位置输入需要的文字并选择文字。在"字符"面板中，将"颜色"设为白色，并设置合适的字体和字号，按"Enter"键确认操作，在"图层"控制面板中生成新的文字图层。在属性面板上方设置图层的"不透明度"为50%，如图3-311所示，形成半透明效果，如图3-312所示，表示未激活状态。

（13）选择"直线工具" /.，在属性栏中将"选择工具模式"设为"形状"，将"填充"设为无颜色，"描边"设为白色，"粗细"设为1像素。按住"Shift"键的同时，在适当的位置绘制一条直线，在"图层"控制面板中生成新的形状图层"直线3"，设置该图层的"不透明度"为50%。

（14）选择"文件 > 置入嵌入对象"命令，弹出"置入嵌入的对象"对话框。选择云盘中的"Ch03 > 制作旅游类App登录页 > 素材 > 06"文件，单击"置入"按钮，将图标置入图像窗口中，再将其拖曳到适当的位置并调整大小，按"Enter"键确认操作，效果如图3-313所示，在"图层"控制面板中生成新的图层并将其命名为"隐藏"。

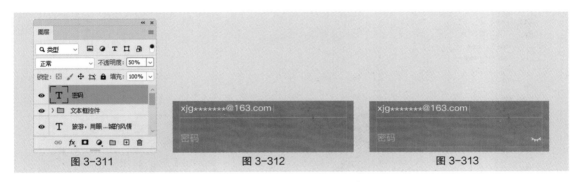

图3-311　　　　　　　图3-312　　　　　　　图3-313

（15）使用相同的方法，置入"07"文件，将其拖曳到适当的位置并调整大小，按"Enter"键确认操作，在"图层"控制面板中生成新的图层并将其命名为"显示"。单击"显示"图层左侧的眼睛图标 ⊙，隐藏该图层。按住"Shift"键的同时单击"密码"图层，将需要的图层同时选择，按"Ctrl+G"组合键，编组图层并将其命名为"密码"，如图3-314所示。

（16）按"Ctrl + O"组合键，打开云盘中的"Ch03 > 制作旅游类App登录页 > 素材 > 08"文件。在"图层"控制面板中，选择"选择控件"图层组。选择"移动工具" ⊕.，将选择的图层组拖曳到新建的图像窗口中适当的位置并调整大小，效果如图3-315所示。

（17）选择"横排文字工具" T.，在适当的位置输入需要的文字并选择文字。在"字符"面板中，将"颜色"设为白色，并设置合适的字体和字号，按"Enter"键确认操作，在"图层"控制面板中生成新的文字图层。分别选择文字"《用户协议》"和"《隐私保护》"，在"字符"面板中，将"颜色"设为橘黄色（255,151,1），按"Enter"键确认操作，效果如图3-316所示。

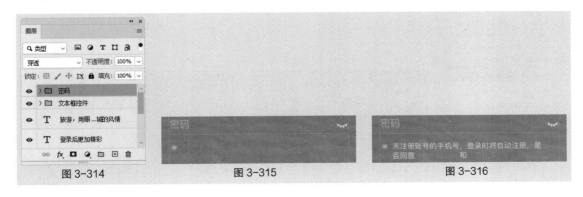

图3-314　　　　　　　图3-315　　　　　　　图3-316

（18）选择"矩形工具" 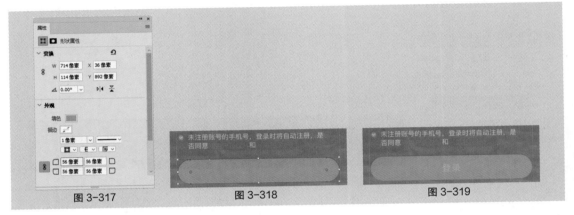，在属性栏中将"选择工具模式"设为"形状"，"填充"设为橘黄色（255,151,1），"描边"设为无颜色。在图像窗口中适当的位置绘制矩形，在"图层"控制面板中生成新的形状图层"矩形 2"。在"属性"面板中进行设置，如图 3-317 所示。按"Enter"键确认操作，效果如图 3-318 所示。

（19）选择"横排文字工具" T.，在适当的位置输入需要的文字并选择文字。在"字符"面板中，将"颜色"设为白色，并设置合适的字体和字号，按"Enter"键确认操作，在"图层"控制面板中生成新的文字图层。在属性面板上方设置文字的"不透明度"为 30%，形成半透明效果，如图 3-319 所示，表示禁用状态。

（20）按住"Shift"键的同时，单击"矩形 2"图层，将需要的图层同时选择，按"Ctrl+G"组合键，编组图层并将其命名为"登录（禁用状态）"。

图 3-317　　　　　图 3-318　　　　　图 3-319

（21）按"Ctrl+J"组合键，复制图层组，在"图层"控制面板中生成新的图层组，并将其命名为"登录（正常状态）"。展开"登录（正常状态）"图层组，选择"登录"文字图层，设置"不透明度"为 100%，如图 3-320 所示，效果如图 3-321 所示。

（22）单击"登录（正常状态）"图层组左侧的眼睛图标 ◉，隐藏并折叠该图层组。按住"Shift"键的同时单击"登录（禁用状态）"图层组，将需要的图层组同时选择，按"Ctrl+G"组合键，编组图层组并将其命名为"登录按钮"。

（23）选择"横排文字工具" T.，在适当的位置分别输入需要的文字并选择文字。在"字符"面板中，将"颜色"设为白色，并设置合适的字体和字号，按"Enter"键确认操作，效果如图 3-322所示，在"图层"控制面板中分别生成新的文字图层。

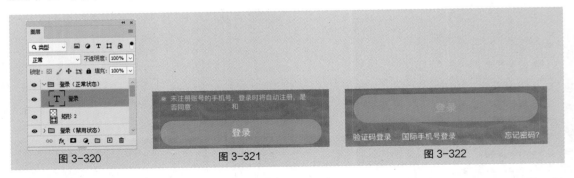

图 3-320　　　　　图 3-321　　　　　图 3-322

（24）选择"直线工具" ⁄.，在属性栏中将"填充"设为无颜色，"描边"设为白色，"粗细"

设为 1 像素。按住"Shift"键的同时，在适当的位置绘制一条竖线，效果如图 3-323 所示，在"图层"控制面板中生成新的形状图层"直线 4"。使用上述的方法分别输入文字并置入图标，效果如图 3-324 所示，在"图层"控制面板中分别生成新的图层，如图 3-325 所示。

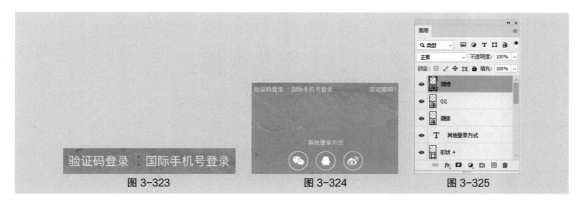

| 图 3-323 | 图 3-324 | 图 3-325 |

（25）按住"Shift"键的同时单击"其他登录方式"图层，将需要的图层同时选择，按"Ctrl+G"组合键，编组图层并将其命名为"其他登录方式"，如图 3-326 所示。按住"Shift"键的同时单击"登录后更加精彩"图层，将需要的图层同时选择，按"Ctrl+G"组合键，编组图层并将其命名为"内容区"，如图 3-327 所示。

（26）选择"文件 > 置入嵌入对象"命令，弹出"置入嵌入的对象"对话框。选择云盘中的"Ch03 > 制作旅游类 App 登录页 > 素材 > 10"文件，单击"置入"按钮，将图片置入图像窗口中并拖曳到适当的位置，按"Enter"键确认操作，在"图层"控制面板中生成新的图层并将其命名为"Home Indicator"。设置"Home Indicator"图层的"不透明度"为 60%，如图 3-328 所示，效果如图 3-329 所示。至此，旅游类 App 登录页制作完成。

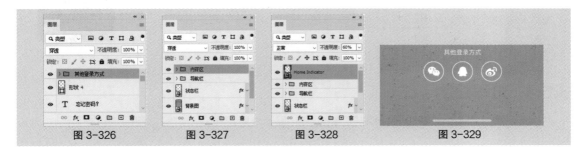

| 图 3-326 | 图 3-327 | 图 3-328 | 图 3-329 |

3.6.2 颜色池

颜色池用于让用户调整文本、形状、参考线和其他屏幕元素的颜色，如图 3-330 所示。

图 3-330

3.6.3 选择器

选择器包含不同值的一个或多个可滚动列表供用户选择，如图 3-331 所示。iOS 提供了多种样式的选择器，每种选择器又提供了不同类型且外观各异的可选择值。选择器中所显示的确切值及其顺序取决于设备使用的语言。

图 3-331

选择器通过让用户选择单个或多个值来帮助用户输入信息。日期选择器专门提供了额外的方式来选择值，例如在日历视图中选择某一天或者使用数字键盘输入日期和时间。日期选择器是一种高效界面，可让用户通过触控或键盘选择特定日期、时间。可以采用图 3-332 所示的样式来显示日期选择器。

图 3-332

3.6.4 分段控件

分段控件是由两个或多个分段组成的线性集，每个分段用作一个按钮，如图 3-333 所示。分段控件中所有分段的宽度通常都相等。分段与按钮类似，也可以包含文本或图像。分段下方（或整个控件下方）也可以有文本标签。

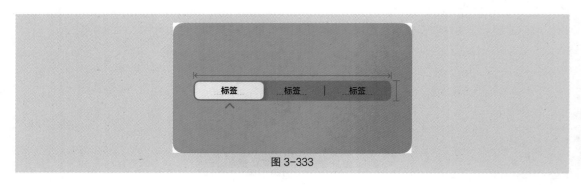

图 3-333

3.6.5　滑块

滑块是一个包含称为"滚动块"控件的水平轨道，可让用户在最小值和最大值之间进行调整，如图 3-334 所示。随着滑块值的变化，最小值和滚动块之间的轨道部分会用颜色填充。可以为滑块指定分别表示最小值和最大值的左右图标。

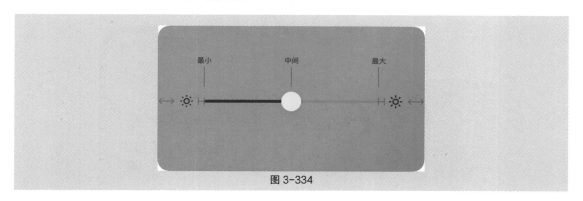

图 3-334

3.6.6　步进器

步进器是一个两段式控件，可用于增加或减少值，如图 3-335 所示。步进器位于当前显示值的旁边，这是因为步进器本身不显示值。

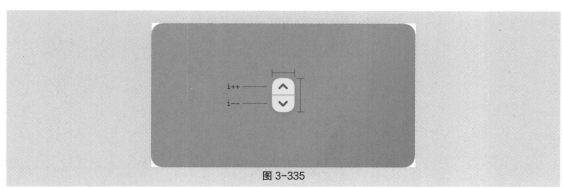

图 3-335

3.6.7　文本框

文本框是一个矩形区域，用户可以在其中输入或编辑特定的小段文本，如图 3-336 所示。

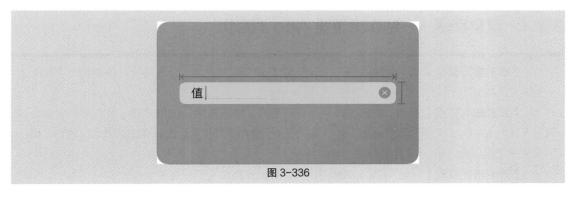

图 3-336

3.6.8 切换

切换可以让用户在一对相反的状态（比如开和关）之间进行选择，它会使用不同的外观来指示每个状态，如图3-337所示。在大多数情况下，默认的绿色往往效果最好，但也可以使用App的强调色代替，如图3-338所示。

图3-337　　　　　　　　　　　　　　　　图3-338

3.6.9 虚拟键盘

在iOS中，系统提供了各种类型的虚拟键盘，以供用户输入数据，如图3-339所示。使用布局指南还有助于在屏幕上显示虚拟键盘时仍保持界面的重要部分可见。

图3-339

3.7 状态

3.7.1 课堂案例——制作旅游类App消息页

【案例学习目标】学习使用"形状工具""文字工具""置入嵌入对象"命令和"添加图层样式"按钮制作旅游类App消息页。

【案例知识要点】使用"矩形工具""椭圆工具"绘制形状，使用"置入嵌入对象"命令置入图片和图标，使用"渐变叠加"命令添加效果，使用"属性"面板制作弥散投影，使用"横排文字工具"输入文字，效果如图3-340所示。

【效果所在位置】云盘>Ch03>制作旅游类App消息页>工程文件.psd。

图 3-340

（1）按"Ctrl+N"组合键，弹出"新建文档"对话框，将"宽度"设为 786 像素，"高度"设为 1704 像素，"分辨率"设为 72 像素 / 英寸，"背景内容"设为浅灰色（249,249,249），如图 3-341 所示。单击"创建"按钮，完成文档新建。

（2）选择"视图 > 新建参考线版面"命令，弹出"新建参考线版面"对话框，具体设置如图 3-342 所示。单击"确定"按钮，完成参考线版面的创建。

图 3-341　　　　　　　　　　　　　　　　　　　　图 3-342

（3）选择"矩形工具" ，在属性栏中将"选择工具模式"设为"形状"，将"填充"设为淡黄色（243,229,209），"描边"设为无颜色。在图像窗口中适当的位置绘制矩形，如图 3-343 所示，

在"图层"控制面板中生成新的形状图层"矩形 1"。

（4）选择"文件 > 置入嵌入对象"命令，弹出"置入嵌入的对象"对话框。选择云盘中的"Ch03 > 制作旅游类 App 消息页 > 素材 > 01"文件，单击"置入"按钮，将图片置入图像窗口中，再将其拖曳到适当的位置，按"Enter"键确认操作，如图 3-344 所示，在"图层"控制面板中生成新的图层并将其命名为"状态栏"。按住"Shift"键的同时单击"矩形 1"图层，将需要的图层同时选择。按"Ctrl+G"组合键，编组图层并将其命名为"状态栏"。

（5）选择"视图 > 新建参考线"命令，弹出"新建参考线"对话框，具体设置如图 3-345 所示。单击"确定"按钮，完成参考线的创建。

（6）选择"横排文字工具" **T.**，在适当的位置输入需要的文字并选择文字。选择"窗口 > 字符"命令，弹出"字符"面板，将"颜色"设为黑色，并设置合适的字体和字号，按"Enter"键确认操作，效果如图 3-346 所示，在"图层"控制面板中生成新的文字图层。

| 图 3-343 | 图 3-344 | 图 3-345 | 图 3-346 |

（7）选择"椭圆工具" **○.**，在属性栏中将"填充"设为浅黄色（245,213,168），"描边"设为无颜色。按住"Shift"键的同时，在图像窗口中适当的位置绘制圆形，在"图层"控制面板中生成新的形状图层"椭圆 1"。在"属性"面板中进行设置，如图 3-347 所示。按"Enter"键确认操作，效果如图 3-348 所示。

（8）选择"文件 > 置入嵌入对象"命令，弹出"置入嵌入的对象"对话框。选择云盘中的"Ch03 > 制作旅游类 App 消息页 > 素材 > 02"文件，单击"置入"按钮，将图标置入图像窗口中，再将其拖曳到适当的位置，按"Enter"键确认操作，在"图层"控制面板中生成新的图层并将其命名为"清空表"。按住"Shift"键的同时，单击"椭圆 1"图层，将需要的图层同时选择。按"Ctrl+G"组合键，编组图层并将其命名为"清空"。

（9）使用相同的方法，分别置入"03"和"04"文件，将它们分别拖曳到适当的位置，按"Enter"键确认操作，在"图层"控制面板中分别生成新的图层并将其命名为"客服"和"设置"，效果如图 3-349 所示。按住"Shift"键的同时单击"消息（5）"文字图层，将需要的图层同时选择，按"Ctrl+G"组合键，编组图层并将其命名为"导航栏"，如图 3-350 所示。

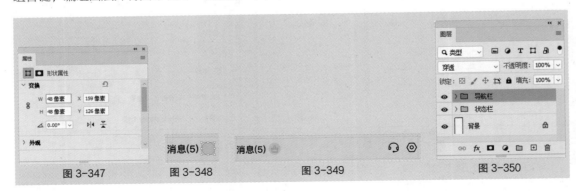

| 图 3-347 | 图 3-348 | 图 3-349 | 图 3-350 |

（10）选择"矩形工具"，在属性栏中将"填充"设为白色，"描边"设为无颜色。在图像窗口中适当的位置绘制矩形，在"图层"控制面板中生成新的形状图层"矩形2"。在"属性"面板中进行设置，如图3-351所示。在"图层"控制面板中将"矩形2"图层的"不透明度"设为40%，如图3-352所示。按"Enter"键确认操作，效果如图3-353所示。

图 3-351　　　　　　　　　图 3-352　　　　　　　　　图 3-353

（11）选择"横排文字工具"，在适当的位置分别输入需要的文字并选择文字。在"字符"面板中，将"颜色"设为棕黄色（181,139,78），并分别设置合适的字体和字号，按"Enter"键确认操作，效果如图3-354所示，在"图层"控制面板中分别生成新的文字图层。

（12）选择"文件 > 置入嵌入对象"命令，弹出"置入嵌入的对象"对话框。选择云盘中的"Ch03 > 制作旅游类 App 消息页 > 素材 > 05"文件，单击"置入"按钮，将图标置入图像窗口中，再将其拖曳到适当的位置，按"Enter"键确认操作，效果如图3-355所示，在"图层"控制面板中生成新的图层并将其命名为"展开"。按住"Shift"键的同时单击"矩形2"图层，将需要的图层同时选择，按"Ctrl+G"组合键，编组图层并将其命名为"消息通知"，如图3-356所示。

图 3-354　　　　　　　　　图 3-355　　　　　　　　　图 3-356

（13）选择"矩形工具"，在属性栏中将"填充"设为白色，"描边"设为无颜色。在图像窗口中适当的位置绘制矩形，在"图层"控制面板中生成新的形状图层"矩形3"。在"属性"面板中进行设置，如图3-357所示。按"Enter"键确认操作，效果如图3-358所示。

（14）选择"椭圆工具"，按住 Shift 键的同时，在图像窗口中适当的位置绘制圆形，在"图层"控制面板中生成新的形状图层"椭圆2"。在属性栏中将"填充"设为橘黄色（255,151,1），"描边"设为无颜色。在"属性"面板中进行设置,如图 3-359 所示。按"Enter"键确认操作,效果如图 3-360 所示。

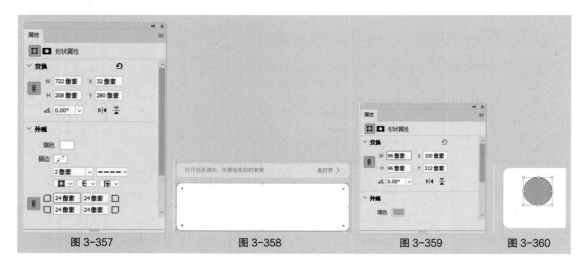

图 3-357   图 3-358   图 3-359   图 3-360

(15)单击"图层"控制面板下方的"添加图层样式"按钮 fx,在弹出的菜单中选择"渐变叠加"命令,弹出"图层样式"对话框。单击"渐变"选项右侧的"点按可编辑渐变"按钮 ,弹出"渐变编辑器"对话框。在"位置"选项中分别输入 0、100 两个位置点,分别设置两个位置点的"颜色"为 0(187,225,128)、100(147,193,88),如图 3-361 所示。单击"确定"按钮,返回"图层样式"对话框,其他选项的设置如图 3-362 所示。单击"确定"按钮,效果如图 3-363 所示。

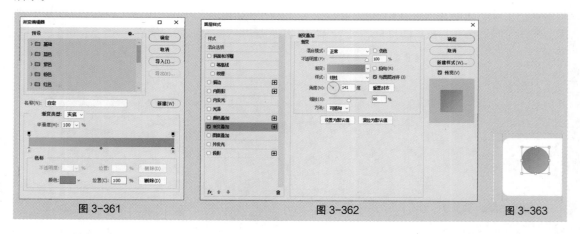

图 3-361   图 3-362   图 3-363

(16)选择"文件 > 置入嵌入对象"命令,弹出"置入嵌入的对象"对话框。选择云盘中的"Ch03 > 制作旅游类 App 消息页 > 素材 > 06"文件,单击"置入"按钮,将图标置入图像窗口中,再将其拖曳到适当的位置并调整大小,按"Enter"键确认操作,效果如图 3-364 所示,在"图层"控制面板中生成新的图层并将其命名为"订单出行"。

(17)选择"横排文字工具" T,在适当的位置输入需要的文字并选择文字,在"字符"面板中,将"颜色"设为黑色,并设置合适的字体和字号,按"Enter"键确认操作,效果如图 3-365 所示,在"图层"控制面板中生成新的文字图层。按住"Shift"键的同时单击"椭圆 2"图层,将需要的图层同时选择，按"Ctrl+G"组合键，编组图层并将其命名为"订单出行"。

（18）使用上述的方法分别绘制形状并输入文字，效果如图 3-366 所示，在"图层"控制面板中分别生成新的图层组，如图 3-367 所示。按住"Shift"键的同时单击"矩形 3"图层，将需要的图层同时选择。按"Ctrl+G"组合键，编组图层并将其命名为"选项卡"。

图 3-364　　　　图 3-365　　　　　　　图 3-366　　　　　　　　　　图 3-367

（19）使用上述的方法分别绘制形状并输入文字，效果如图 3-368 所示，在"图层"控制面板中分别生成新的图层和图层组，如图 3-369 所示。

（20）选择"视图 > 新建参考线"命令，弹出"新建参考线"对话框，具体设置如图 3-370 所示。单击"确定"按钮，完成参考线的创建。

（21）选择"矩形工具" □.，在属性栏中将"填充"设为白色，"描边"设为无颜色。在图像窗口中适当的位置绘制矩形，如图 3-371 所示，在"图层"控制面板中生成新的形状图层"矩形 5"。

图 3-368　　　　　　　　　图 3-369　　　　　　　　　图 3-370

（22）选择"文件 > 置入嵌入对象"命令，弹出"置入嵌入的对象"对话框。选择云盘中的"Ch03 > 制作旅游类 App 消息页 > 素材 > 11"文件，单击"置入"按钮，将图片置入图像窗口中，再将其拖曳到适当的位置，按"Enter"键确认操作，效果如图 3-372 所示，在"图层"控制面板中生成新的图层并将其命名为"标签栏"。

（23）选择"矩形工具" □.，在属性栏中将"填充"设为深灰色（51,51,51），"描边"设为无颜色。在图像窗口中适当的位置绘制矩形，在"图层"控制面板中生成新的形状图层"矩形 6"。在"属性"面板中单击"蒙版"按钮，具体设置如图 3-373 所示，按"Enter"键确认操作。

图 3-371　　　　　　　　　　　　　图 3-372　　　　　　　　　　　　图 3-373

（24）在"图层"控制面板中将"矩形 6"图层的"不透明度"设为 30%，并将其拖曳到"矩形 5"图层的下方，效果如图 3-374 所示。

（25）选择"文件 > 置入嵌入对象"命令，弹出"置入嵌入的对象"对话框。选择云盘中的"Ch03 > 制作旅游类 App 消息页 > 素材 > 12"文件，单击"置入"按钮，将图片置入图像窗口中，再将其拖曳到适当的位置，按"Enter"键确认操作，效果如图 3-375 所示，在"图层"控制面板中生成新的图层并将其命名为"Home Indicator"。至此，旅游类 App 消息页制作完成。

图 3-374　　　　　　　　　　　　　　　　　图 3-375

3.7.2　仪表

仪表显示某个范围内的特定数值，如图 3-376 所示。除了指示范围内的当前值，仪表还可提供关于范围本身的更多上下文。例如，温度仪表可使用文本来标识指定范围内的最高温度和最低温度，并通过色谱来从视觉上凸显变动的值。

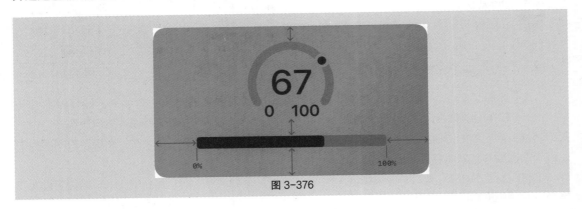

图 3-376

3.7.3　进度指示符

进度指示符用于告知用户 App 在载入内容或执行长时间操作时未卡死，如图 3-377 所示。进度指示符的轨道默认包括已填充和未填充两部分，如图 3-378 所示。刷新控件可让用户立即重新载入内容（通常在表格视图中），无须等待内容下次自动更新，如图 3-379 所示。

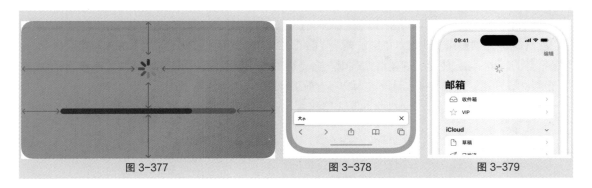

图 3-377 图 3-378 图 3-379

3.8 课堂练习——制作旅游类 App 订购房型页

【练习知识要点】使用"矩形工具""椭圆工具""直线工具"绘制形状，使用"置入嵌入对象"命令置入图标，使用"属性"面板制作弥散投影，使用"横排文字工具"输入文字，效果如图 3-380 所示。

【效果所在位置】云盘 >Ch03> 制作旅游类 App 订购房型页 > 工程文件 .psd。

图 3-380

【习题知识要点】使用"矩形工具""椭圆工具"绘制形状,使用"置入嵌入对象"命令置入图片和图标,使用"创建剪贴蒙版"命令调整图片显示区域,使用"属性"面板制作弥散投影,使用"横排文字工具"输入文字,效果如图 3-381 所示。

【效果所在位置】云盘 >Ch03> 制作旅游类 App 定制路线页 > 工程文件 .psd。

图 3-381

第 4 章
Android 系统界面设计

04

微课
第 4 章简介

▶ **本章介绍**

　　Android 系统界面设计也是移动 UI 设计中最重要的部分之一，本章对 Android 系统界面设计中的各种常用组件进行系统讲解。通过本章的学习，读者可以掌握 Android 系统界面设计的基本方法，开始尝试绘制 Android 系统界面。

学习引导

知识目标	能力目标
• 熟悉 Android 系统界面设计中的操作组件 • 熟悉 Android 系统界面设计中的反馈组件 • 熟悉 Android 系统界面设计中的容器组件 • 熟悉 Android 系统界面设计中的导航组件 • 熟悉 Android 系统界面设计中的选择组件 • 熟悉 Android 系统界面设计中的文本输入组件	• 掌握家具类 App 详情页的绘制方法 • 掌握家具类 App 分类页的绘制方法 • 掌握家具类 App 个人中心页的绘制方法 • 掌握家具类 App 首页的绘制方法 • 掌握家具类 App 购物车页的绘制方法 • 掌握家具类 App 注册页的绘制方法

素养目标
• 树立以人为本的设计理念 • 提高界面审美水平

4.1 操作组件

4.1.1 课堂案例——制作家具类 App 详情页

【**案例学习目标**】学习使用"形状工具""文字工具""置入嵌入对象"命令、"创建剪贴蒙版"命令和"添加图层样式"按钮制作家具类 App 详情页。

【**案例知识要点**】使用"矩形工具""椭圆工具""直线工具"绘制形状，使用"置入嵌入对象"命令置入图片和图标，使用"创建剪贴蒙版"命令调整图片显示区域，使用"属性"面板制作弥散投影，使用"横排文字工具"输入文字，使用"图案叠加"命令制作背景，效果如图 4-1 所示。

【**效果所在位置**】云盘 >Ch04> 制作家具类 App 详情页 > 工程文件 .psd。

图 4-1

1. 制作状态栏、导航栏、分段控制和 Banner

（1）按"Ctrl+N"组合键，弹出"新建文档"对话框，将"宽度"设为 1080 像素，"高度"设为 7228 像素，"分辨率"设为 72 像素 / 英寸，"背景内容"设为中灰色（238,238,238），如图 4-2 所示。单击"创建"按钮，完成文档新建。

（2）选择"视图 > 新建参考线版面"命令，弹出"新建参考线版面"对话框，具体设置如图 4-3 所示。单击"确定"按钮，完成参考线版面的创建。

图 4-2   图 4-3

（3）选择"视图 > 新建参考线"命令，弹出"新建参考线"对话框，具体设置如图 4-4 所示。单击"确定"按钮，完成参考线的创建。

（4）选择"矩形工具" ▢，在属性栏中将"选择工具模式"设为"形状"，"填充"设为白色，"描边"设为无颜色。在图像窗口中适当的位置绘制矩形，如图 4-5 所示，在"图层"控制面板中生成新的形状图层"矩形 1"。

图 4-4   图 4-5

（5）按"Ctrl+J"组合键，复制图层，在"图层"控制面板中生成新的形状图层"矩形 1 拷贝"。选择"移动工具" ✛，按住"Shift"键的同时，将其垂直向下拖曳到适当的位置。在"属性"面板中将"填充"设为灰色（153,153,153），其他选项的设置如图 4-6 所示，按"Enter"键确认操作。单击"蒙版"按钮，具体设置如图 4-7 所示，按"Enter"键确认操作。在"图层"控制面板中将"矩形 1 拷贝"图层的"不透明度"设为 50%，并将其拖曳到"矩形 1"图层的下方，效果如图 4-8 所示。

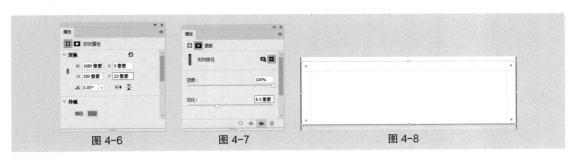

图 4-6   图 4-7   图 4-8

（6）选择"矩形1"图层。选择"文件 > 置入嵌入对象"命令，弹出"置入嵌入的对象"对话框。选择云盘中的"Ch04 > 制作家具类 App 详情页 > 素材 > 01"文件，单击"置入"按钮，将图片置入图像窗口中，再将其拖曳到适当的位置，按"Enter"键确认操作，如图 4-9 所示，在"图层"控制面板中生成新的图层并将其命名为"状态栏"。

（7）选择"视图 > 新建参考线"命令，弹出"新建参考线"对话框，具体设置如图 4-10 所示。单击"确定"按钮，完成参考线的创建。

图 4-9　　　　　　　　　　　　　　　　　图 4-10

（8）选择"文件 > 置入嵌入对象"命令，弹出"置入嵌入的对象"对话框。选择云盘中的"Ch04 > 制作家具类 App 详情页 > 素材 > 02"文件，单击"置入"按钮，将图标置入图像窗口中，再将其拖曳到适当的位置，按"Enter"键确认操作，在"图层"控制面板中生成新的图层并将其命名为"展开"。

（9）选择"矩形工具" ▢，在属性栏中将"填充"设为浅灰色（245,245,245），"描边"设为无颜色。在图像窗口中适当的位置绘制矩形，在"图层"控制面板中生成新的形状图层"矩形 2"。在"属性"面板中进行设置，如图 4-11 所示。按"Enter"键确认操作，效果如图 4-12 所示。

（10）选择"文件 > 置入嵌入对象"命令，弹出"置入嵌入的对象"对话框。选择云盘中的"Ch04 > 制作家具类 App 详情页 > 素材 > 03"文件，单击"置入"按钮，将图标置入图像窗口中，再将其拖曳到适当的位置，按"Enter"键确认操作，在"图层"控制面板中生成新的图层并将其命名为"搜索"。

（11）选择"横排文字工具" **T.**，在适当的位置输入需要的文字并选择文字。选择"窗口 > 字符"命令，弹出"字符"面板，将"颜色"设为淡灰色（215,215,215），并设置合适的字体和字号，按"Enter"键确认操作，在"图层"控制面板中生成新的文字图层。

（12）选择"直线工具" ╱，在属性栏中将"填充"设为无颜色，"描边"设为深灰色（51,51,51），"粗细"设为 2 像素。按住"Shift"键的同时，在适当的位置绘制一条竖线，在"图层"控制面板中生成新的形状图层"直线 1"，效果如图 4-13 所示。按住"Shift"键的同时单击"矩形 2"图层，将需要的图层同时选择，按"Ctrl+G"组合键，编组图层并将其命名为"搜索栏"。

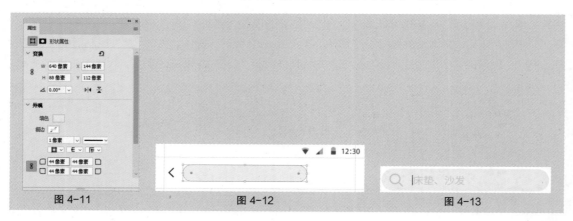

图 4-11　　　　　　　　　　　图 4-12　　　　　　　　　　　图 4-13

（13）使用上述的方法分别置入其他图标，在"图层"控制面板中生成新的图层"消息"和"转发"。选择"椭圆工具"○，在属性栏中将"填充"设为深红色（183,71,56），"描边"设为无颜色。按住"Shift"键的同时，在图像窗口中适当的位置绘制圆形，按"Enter"键确认操作，效果如图 4-14 所示，在"图层"控制面板中生成新的形状图层"椭圆 1"。按住"Shift"键的同时单击"展开"图层，将需要的图层同时选择，按"Ctrl+G"组合键，编组图层并将其命名为"导航栏"。

（14）选择"横排文字工具"T，在适当的位置分别输入需要的文字并选择文字。在"字符"面板中，将"颜色"设为深灰色（51,51,51）和灰色（153,153,153），并设置合适的字体和字号，按"Enter"键确认操作，效果如图 4-15 所示，在"图层"控制面板中分别生成新的文字图层。

图 4-14   图 4-15

（15）选择"矩形工具"□，在属性栏中将"填充"设为深灰色（51,51,51），"描边"设为无颜色。在图像窗口中适当的位置绘制矩形，在"图层"控制面板中生成新的形状图层"矩形 3"。按"Enter"键确认操作，效果如图 4-16 所示。按住"Shift"键的同时单击"商品"图层，将需要的图层同时选择，按"Ctrl+G"组合键，编组图层并将其命名为"分段控件"，如图 4-17 所示。

（16）选择"视图 > 新建参考线"命令，弹出"新建参考线"对话框，具体设置如图 4-18 所示。单击"确定"按钮，完成参考线的创建。

（17）选择"矩形工具"□，在属性栏中将"填充"设为中灰色（220,220,220），"描边"设为无颜色。在图像窗口中适当的位置绘制矩形，效果如图 4-19 所示，在"图层"控制面板中生成新的形状图层"矩形 4"。

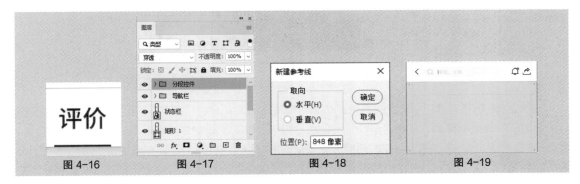

图 4-16   图 4-17   图 4-18   图 4-19

（18）选择"文件 > 置入嵌入对象"命令，弹出"置入嵌入的对象"对话框。选择云盘中的"Ch04 > 制作家具类 App 详情页 > 素材 > 06"文件，单击"置入"按钮，将图片置入图像窗口中，再将其拖曳到适当的位置并调整大小，按"Enter"键确认操作，在"图层"控制面板中生成新的图层并将其命名为"沙发"。按"Alt+Ctrl+G"组合键，为"沙发"图层创建剪贴蒙版，效果如图 4-20所示。

（19）使用上述的方法分别绘制形状并输入文字，在"图层"控制面板中分别生成新的图层。按住"Shift"键的同时单击"矩形 4"图层，将需要的图层同时选择，按"Ctrl+G"组合键，编组图层并将其命名为"Banner"。将"Banner"图层组拖曳到"矩形 1 拷贝"图层的下方，如图 4-21所示，效果如图 4-22 所示。

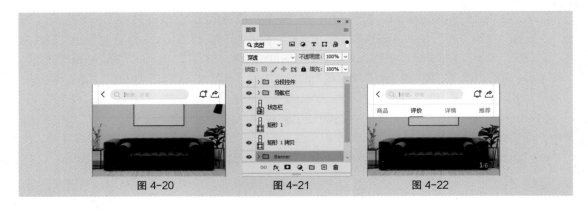

图 4-20　　　　　　　　图 4-21　　　　　　　　图 4-22

2. 制作内容区

（1）选择"视图 > 新建参考线"命令，弹出"新建参考线"对话框，具体设置如图 4-23 所示。单击"确定"按钮，完成参考线的创建。

（2）选择"分段控件"图层组。选择"矩形工具" □，在属性栏中将"填充"设为中灰色（220,220,220），"描边"设为无颜色。在图像窗口中适当的位置绘制矩形，在"图层"控制面板中生成新的形状图层"矩形 6"。使用上述的方法置入图标并输入文字，效果如图 4-24 所示，在"图层"控制面板中分别生成新的图层。按住"Shift"键的同时单击"矩形 6"图层，将需要的图层同时选择，按"Ctrl+G"组合键，编组图层并将其命名为"保障"。

（3）选择"视图 > 新建参考线"命令，弹出"新建参考线"对话框，具体设置如图 4-25 所示。单击"确定"按钮，完成参考线的创建。

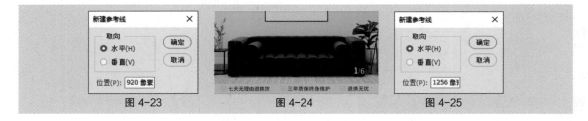

图 4-23　　　　　　　　图 4-24　　　　　　　　图 4-25

（4）选择"矩形工具" □，在属性栏中将"填充"设为白色，"描边"设为无颜色。在图像窗口中适当的位置绘制矩形，如图 4-26 所示，在"图层"控制面板中生成新的形状图层"矩形 7"。再次绘制一个矩形，在"图层"控制面板中生成新的形状图层"矩形 8"。在属性栏中将"填充"设为深红色（183,71,56），"描边"设为无颜色。在"属性"面板中进行设置，如图 4-27 所示。按"Enter"键确认操作。

（5）选择"横排文字工具" T，在适当的位置输入需要的文字并选择文字。在"字符"面板中将"颜色"设为白色，并设置合适的字体和字号，按"Enter"键确认操作，效果如图 4-28 所示，在"图层"控制面板中生成新的文字图层。

（6）使用相同的方法分别输入文字，并分别设置合适的字体、字号和颜色，效果如图 4-29 所示，在"图层"控制面板中分别生成新的文字图层。按住"Shift"键的同时单击"矩形 7"图层，将需要的图层同时选择，按"Ctrl+G"组合键，编组图层并将其命名为"产品信息"。

（7）使用上述的方法分别新建参考线、绘制形状、置入图标和图片并输入文字，效果如图 4-30 所示，在"图层"控制面板中分别生成新的图层组"选择""运费""用户评价"，如图 4-31 所示。

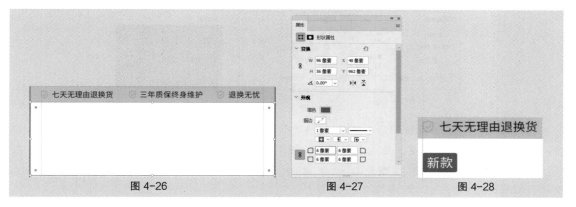

图 4-26　　　　　　　　　　　　图 4-27　　　　　　　　　　图 4-28

图 4-29　　　　　　　　　　　　图 4-30　　　　　　　　　　图 4-31

（8）选择"视图 > 新建参考线"命令，弹出"新建参考线"对话框，具体设置如图 4-32 所示。使用相同的方法再次新建一条水平参考线，具体设置如图 4-33 所示。分别单击"确定"按钮，完成参考线的创建。

（9）选择"矩形工具"，在属性栏中将"填充"设为白色，"描边"设为无颜色。在图像窗口中适当的位置绘制矩形，如图 4-34 所示，在"图层"控制面板中生成新的形状图层"矩形 13"。

（10）选择"横排文字工具"，在适当的位置输入需要的文字并选择文字。在"字符"面板中将"颜色"设为深灰色（51,51,51），并设置合适的字体和字号，按"Enter"键确认操作，效果如图 4-35 所示，在"图层"控制面板中生成新的文字图层。

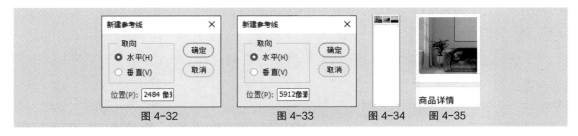

图 4-32　　　　　　　　图 4-33　　　　　图 4-34　　图 4-35

（11）选择"视图 > 新建参考线"命令，弹出"新建参考线"对话框，具体设置如图 4-36 所示。使用相同的方法再次新建一条水平参考线，具体设置如图 4-37 所示。分别单击"确定"按钮，完成参考线的创建。

（12）选择"矩形工具"，在属性栏中将"填充"设为深红色（183,71,56），"描边"设为无颜色。在图像窗口中适当的位置绘制矩形，如图 4-38 所示，在"图层"控制面板中生成新的形状图层"矩形 14"。

图 4-36　　　　　　　　图 4-37　　　　　　　　图 4-38

（13）选择"窗口 > 图案"命令，弹出"图案"面板，单击右上方的▤按钮，在弹出的菜单中选择"旧版图案及其他"命令，载入旧版图案。单击"图层"控制面板下方的"添加图层样式"按钮 *fx*，在弹出的菜单中选择"图案叠加"命令，弹出"图层样式"对话框，选择需要的图案，如图 4-39所示。单击"确定"按钮，效果如图 4-40 所示。

（14）选择"横排文字工具" **T.**，在适当的位置分别输入需要的文字并选择文字。在"字符"面板中将"颜色"设为白色，并分别设置合适的字体和字号，按"Enter"键确认操作，效果如图 4-41所示，在"图层"控制面板中分别生成新的文字图层。

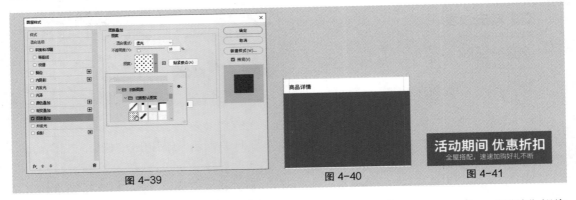

图 4-39　　　　　　　　图 4-40　　　　　　　　图 4-41

（15）选择"矩形工具" **□.**，在属性栏中将"填充"设为深灰色（51,51,51），"描边"设为深灰色（51,51,51），"粗细"设为 4 像素，单击"设置形状描边类型"右侧的▾按钮，在弹出的面板中选择需要的描边选项，如图 4-42 所示。在图像窗口中适当的位置绘制矩形，在"图层"控制面板中生成新的形状图层"矩形 15"。在"属性"面板中进行设置，如图 4-43 所示。按"Enter"键确认操作，效果如图 4-44 所示。在"图层"控制面板中将"矩形 15"图层的"填充"设为 30%，效果如图 4-45 所示。

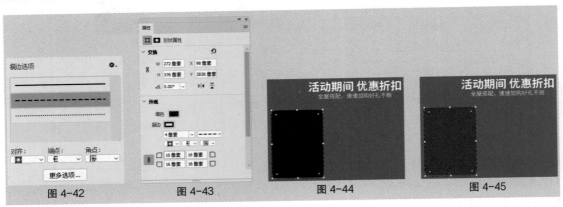

图 4-42　　　　　　　　图 4-43　　　　　　　　图 4-44　　　　　　　　图 4-45

（16）按"Ctrl+J"组合键，复制图层，在"图层"控制面板中生成新的形状图层"矩形15 拷贝"。将其拖曳到适当的位置。在属性栏中将"填充"设为白色，"描边"设为无颜色，效果如图4-46所示。

（17）使用上述的方法输入文字，在"图层"控制面板中生成新的文字图层。选择"矩形工具" ▢，在属性栏中将"填充"设为枣红色（190,66,1），"描边"设为无颜色，在图像窗口中适当的位置绘制矩形，在"图层"控制面板中生成新的形状图层"矩形16"。在"属性"面板中进行设置，如图4-47所示。按"Enter"键确认操作，效果如图4-48所示。

（18）选择"钢笔工具" ✐，在图像窗口中分别单击，添加3个锚点，效果如图4-49所示。选择"直接选择工具" ▸，选择中间的锚点，按住"Shift"键的同时向下拖曳，效果如图4-50所示。

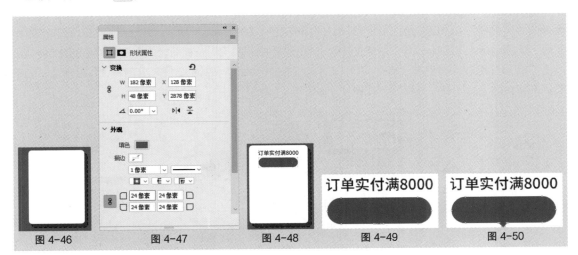

图4-46　　　　图4-47　　　　图4-48　　　　图4-49　　　　图4-50

（19）选择"文件 > 置入嵌入对象"命令，弹出"置入嵌入的对象"对话框。选择云盘中的"Ch04 > 制作家具类 App 详情页 > 素材 > 13"文件，单击"置入"按钮，将图标置入图像窗口中，再将其拖曳到适当的位置，按"Enter"键确认操作，效果如图4-51所示，在"图层"控制面板中生成新的图层并将其命名为"加"。

（20）使用上述的方法输入文字并置入图片，效果如图4-52所示，在"图层"控制面板中分别生成新的图层。按住"Shift"键的同时单击"矩形15"图层，将需要的图层同时选择，按"Ctrl+G"组合键，编组图层并将其命名为"实木板凳"。使用相同的方法制作出图4-53所示的效果，在"图层"控制面板中分别生成新的图层组"沙发"和"落地灯"。

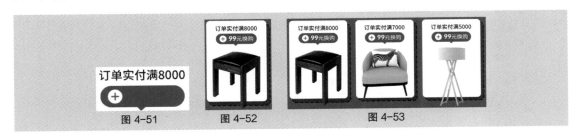

图4-51　　　　图4-52　　　　　　　图4-53

（21）选择"视图 > 新建参考线"命令，弹出"新建参考线"对话框，具体设置如图4-54所示。单击"确定"按钮，完成参考线的创建。选择"矩形工具" ▢，在属性栏中将"填充"设为白色，"描边"设为无颜色，在图像窗口中适当的位置绘制矩形，在"图层"控制面板中生成新的形状图层"矩形17"。

（22）选择"文件 > 置入嵌入对象"命令，弹出"置入嵌入的对象"对话框。选择云盘中的"Ch04 > 制作家具类 App 详情页 > 素材 > 11"文件，单击"置入"按钮，将图片置入图像窗口中，再将其拖曳到适当的位置并调整大小，按"Enter"键确认操作，在"图层"控制面板中生成新的图层并将其命名为"详情图 1"。按"Alt+Ctrl+G"组合键，为"详情图 1"图层创建剪贴蒙版。使用上述的方法分别输入文字，效果如图 4-55 所示，在"图层"控制面板中分别生成新的文字图层。

（23）按住"Shift"键的同时，单击"矩形 17"图层，将需要的图层同时选择，按"Ctrl+G"组合键，编组图层并将其命名为"产品 1"。使用相同的方法制作出图 4-56 所示的效果，在"图层"控制面板中生成新的图层组"产品 2"。

（24）选择"横排文字工具" $\boxed{\text{T.}}$，在适当的位置分别输入需要的文字并选择文字。在"字符"面板中将"颜色"设为深灰色（51,51,51）和青灰色（102,102,102），并分别设置合适的字体和字号，按"Enter"键确认操作，效果如图 4-57 所示，在"图层"控制面板中分别生成新的文字图层。按住"Shift"键的同时单击"矩形 13"图层，将需要的图层同时选择，按"Ctrl+G"组合键，编组图层并将其命名为"商品详情"，如图 4-58 所示。

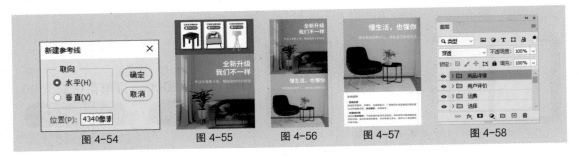

图 4-54　　　　图 4-55　　　　图 4-56　　　　图 4-57　　　　图 4-58

（25）选择"矩形工具" $\boxed{\square.}$，在属性栏中将"填充"设为白色，"描边"设为无颜色，在图像窗口中适当的位置绘制矩形，在"图层"控制面板中生成新的形状图层"矩形 18"。使用上述的方法输入文字，在"图层"控制面板中生成新的文字图层。

（26）选择"视图 > 新建参考线"命令，弹出"新建参考线"对话框，具体设置如图 4-59 所示。使用相同的方法再次新建两条垂直参考线，设置如图 4-60 和图 4-61 所示。分别单击"确定"按钮，完成参考线的创建，效果如图 4-62 所示。

图 4-59　　　　　图 4-60　　　　　图 4-61　　　　　图 4-62

（27）选择"矩形工具" $\boxed{\square.}$，在属性栏中将"填充"设为深灰色（51,51,51），"描边"设为无颜色。在图像窗口中适当的位置绘制矩形，在"图层"控制面板中生成新的形状图层"矩形 19"。在"属性"面板中进行设置，如图 4-63 所示。按"Enter"键确认操作，效果如图 4-64 所示。

（28）按"Ctrl+J"组合键，复制图层，在"图层"控制面板中生成新的形状图层"矩形 19 拷贝"。按住"Shift"键的同时，将其垂直向下拖曳到适当的位置，在属性栏中将"填充"设为白色，

"描边"设为淡灰色（238,238,238），"粗细"设为 1 像素，其他选项的设置如图 4-65 所示。在"图层"控制面板中将其拖曳到"矩形 19"图层的下方，效果如图 4-66 所示。

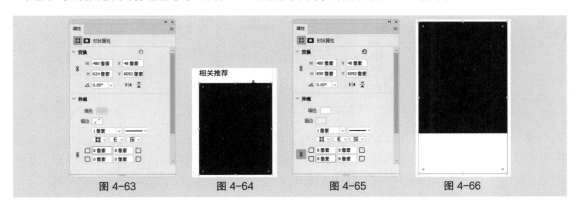

图 4-63　　　　　图 4-64　　　　　图 4-65　　　　　图 4-66

（29）按"Ctrl+J"组合键，复制图层，在"图层"控制面板中生成新的形状图层"矩形 19 拷贝 2"。在属性栏中将"填充"设为中灰色（176,175,181），"描边"设为无颜色。在"属性"面板中单击"蒙版"按钮，具体设置如图 4-67 所示，按"Enter"键确认操作。在"图层"控制面板中将"矩形 19 拷贝 2"图层的"不透明度"设为 30%，并将其拖曳到"矩形 19 拷贝"图层的下方，效果如图 4-68 所示。

（30）选择"矩形 19"图层。选择"文件 > 置入嵌入对象"命令，弹出"置入嵌入的对象"对话框。选择云盘中的"Ch04 > 制作家具类 App 详情页 > 素材 > 17"文件，单击"置入"按钮，将图片置入图像窗口中，再将其拖曳到适当的位置并调整大小，按"Enter"键确认操作，在"图层"控制面板中生成新的图层并将其命名为"推荐 1"。按"Alt+Ctrl+G"组合键，为"推荐 1"图层创建剪贴蒙版，效果如图 4-69 所示。

（31）使用上述的方法分别输入文字，效果如图 4-70 所示，在"图层"控制面板中分别生成新的文字图层。按住"Shift"键的同时单击"矩形 19 拷贝 2"图层，将需要的图层同时选择，按"Ctrl+G"组合键，编组图层并将其命名为"推荐 1"。使用相同的方法制作出图 4-71 所示的效果，在"图层"控制面板中分别生成新的图层。

（32）按住"Shift"键的同时单击"矩形 18"图层，将需要的图层同时选择，按"Ctrl+G"组合键，编组图层并将其命名为"相关推荐"。按住"Shift"键的同时单击"保障"图层组，将需要的图层组同时选择，按"Ctrl+G"组合键，编组图层组并将其命名为"内容区"。

图 4-67　　　　　图 4-68　　　　　图 4-69　　　　　图 4-70　　　　　图 4-71

3．制作工具栏、悬浮按钮和底部应用栏

（1）选择"视图 > 新建参考线"命令，弹出"新建参考线"对话框，具体设置如图 4-72 所示。

使用相同的方法再次新建一条水平参考线，设置如图 4-73 所示。分别单击"确定"按钮，完成参考线的创建。

图 4-72   图 4-73

（2）选择"矩形工具" ▢，在属性栏中将"填充"设为白色，"描边"设为无颜色。在图像窗口中适当的位置绘制矩形，如图 4-74 所示，在"图层"控制面板中生成新的形状图层"矩形20"。按"Ctrl+J"组合键，复制图层，在"图层"控制面板中生成新的形状图层"矩形 20 拷贝"。在属性栏中将"填充"设为深灰色（51,51,51），在"属性"面板中单击"蒙版"按钮，具体设置如图 4-75 所示。按"Enter"键确认操作，效果如图 4-76 所示。

图 4-74   图 4-75   图 4-76

（3）在"图层"控制面板中将"矩形 20 拷贝"图层的"不透明度"设为 40%，并将其拖曳到"矩形 20"图层的下方，效果如图 4-77 所示。

（4）选择"矩形 20"图层。选择"文件 > 置入嵌入对象"命令，弹出"置入嵌入的对象"对话框。选择云盘中的"Ch04 > 制作家具类 App 详情页 > 素材 > 21"文件，单击"置入"按钮，将图标置入图像窗口中，再将其拖曳到适当的位置，按"Enter"键确认操作，如图 4-78 所示，在"图层"控制面板中生成新的图层并将其命名为"店铺"。使用相同的方法置入其他图标，在"图层"控制面板中生成新的图层并将其命名为"收藏"和"购物车"。

（5）选择"横排文字工具" T，在适当的位置分别输入需要的文字并选择文字。在"字符"面板中将"颜色"设为深灰色（51,51,51），并分别设置合适的字体和字号，按"Enter"键确认操作，效果如图 4-79 所示，在"图层"控制面板中分别生成新的文字图层。

图 4-77   图 4-78   图 4-79

（6）选择"矩形工具" ▢，在属性栏中将"填充"设为暗红色（220,142,131），"描边"设为无颜色。在图像窗口中适当的位置绘制矩形，在"图层"控制面板中生成新的形状图层"矩形20"。在"属性"面板中进行设置，如图 4-80 所示。按"Enter"键确认操作，效果如图 4-81 所示。

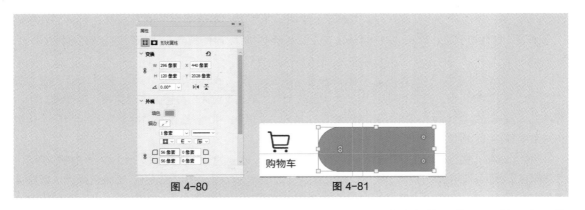

图 4-80　　　　　　　　　　　图 4-81

（7）按"Ctrl+J"组合键复制图层，在"图层"控制面板中生成新的形状图层"矩形 21 拷贝"。在属性栏中将"填充"设为大红色（196,67,49）。在"属性"面板中进行设置，如图 4-82 所示。按"Enter"键确认操作，效果如图 4-83 所示。

（8）选择"横排文字工具" T.，在适当的位置分别输入需要的文字并选择文字。在"字符"面板中将"颜色"设为白色，并分别设置合适的字体和字号，按"Enter"键确认操作，效果如图 4-84 所示，在"图层"控制面板中分别生成新的文字图层。按住"Shift"键的同时单击"矩形 20 拷贝"图层，将需要的图层同时选择，按"Ctrl+G"组合键，编组图层并将其命名为"工具栏"。

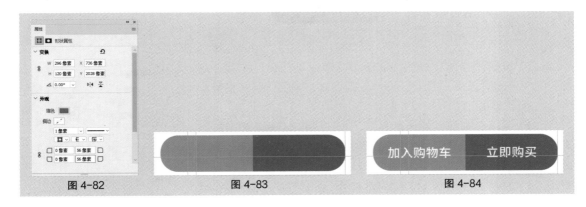

图 4-82　　　　　　　　　图 4-83　　　　　　　　　图 4-84

（9）选择"椭圆工具" ○.，在属性栏中将"填充"设为白色，"描边"设为无颜色。按住"Shift"键的同时，在图像窗口中适当的位置绘制圆形，如图 4-85 所示，在"图层"控制面板中生成新的形状图层"椭圆 3"。按"Ctrl+J"组合键，复制图层，在"图层"控制面板中生成新的形状图层"椭圆 3 拷贝"。在属性栏中将"填充"设为深灰色（51,51,51）。在"属性"面板中单击"蒙版"按钮，具体设置如图 4-86 所示。按"Enter"键确认操作，效果如图 4-87 所示。

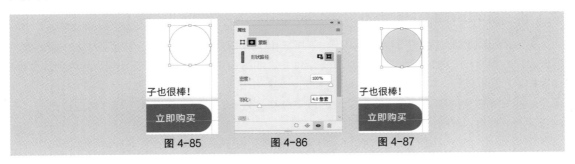

图 4-85　　　　　　　　　图 4-86　　　　　　　　　图 4-87

（10）在"图层"控制面板中将"椭圆 3 拷贝"图层的"不透明度"设为 15%，并将其拖曳到"椭圆 3"图层的下方，如图 4-88 所示。在图像窗口中将图形拖曳到适当的位置，效果如图 4-89 所示。

（11）选择"文件 > 置入嵌入对象"命令，弹出"置入嵌入的对象"对话框。选择云盘中的"Ch04 > 制作家具类 App 详情页 > 素材 > 09"文件，单击"置入"按钮，将图标置入图像窗口中，再将其拖曳到适当的位置，按"Enter"键确认操作，如图 4-90 所示，在"图层"控制面板中生成新的图层并将其命名为"顶部"。

（12）选择"横排文字工具" **T.**，在适当的位置输入需要的文字并选择文字。在"字符"面板中将"颜色"设为深灰色（51,51,51），并设置合适的字体和字号，按"Enter"键确认操作，效果如图 4-91 所示，在"图层"控制面板中生成新的文字图层。

图 4-88　　　　　　　　　　图 4-89　　　　　　　　　　图 4-90　　　　　　　　　　图 4-91

（13）按住"Shift"键的同时单击"椭圆 3 拷贝"图层，将需要的图层同时选择，按"Ctrl+G"组合键，编组图层并将其命名为"悬浮按钮"。

（14）选择"视图 > 新建参考线"命令，弹出"新建参考线"对话框，具体设置如图 4-92 所示。单击"确定"按钮，完成参考线的创建。

（15）选择"文件 > 置入嵌入对象"命令，弹出"置入嵌入的对象"对话框。选择云盘中的"Ch04 > 制作家具类 App 详情页 > 素材 > 24"文件，单击"置入"按钮，将图片置入图像窗口中，再将其拖曳到适当的位置，按"Enter"键确认操作，如图 4-93 所示，在"图层"控制面板中生成新的图层并将其命名为"底部应用栏"。至此，家具类 App 详情页制作完成。

图 4-92

图 4-93

4.1.2　常规按钮

常规按钮用于提示 UI 中的大多数操作，向用户传达可以执行的操作。它们通常放置在对话框、模态窗口、表单、卡片、工具栏等移动 UI 的组件中，如图 4-94 所示。常规按钮可以包含前置图标，通常细分为漂浮按钮、填充按钮、色调填充按钮、轮廓按钮和文本按钮 5 种类型，如图 4-95 所示。按钮中的文本应保持简洁，当出现英文时，首字母都是大写，所以需区分大小写。常规按钮的容器应设计为全圆角，容器宽度应适合标签文本。

图 4-94

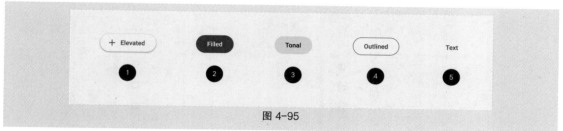

图 4-95

常规按钮高度为 40dp，圆角半径为 20dp，图标大小为 18dp×18dp。未带图标时左 / 右内边距为 24dp。带图标时左内边距为 16dp，右内边距为 24dp，元素之间的内边距为 8dp，其设计尺寸如图 4-96 所示。

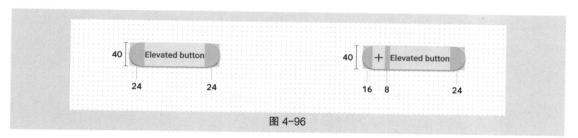

图 4-96

4.1.3 悬浮操作按钮

悬浮操作按钮用于执行屏幕上最常见或最重要的操作，其图标必须清晰易懂。使用悬浮操作按钮时，悬浮操作按钮显示在屏幕上所有其他内容的上面，并且可以通过其形状和中心的图标来识别，如图 4-97 所示。需要注意的是，屏幕上最重要的操作仅使用悬浮操作按钮来呈现。悬浮操作按钮可以左对齐、居中对齐或右对齐，它可以位于导航栏上方，也可以嵌套在导航栏内。悬浮操作按钮根据尺寸划分，通常细分为悬浮操作按钮、小型悬浮操作按钮和大型悬浮操作按钮 3 种，如图 4-98 所示。

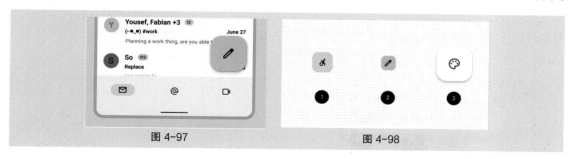

图 4-97　　　　　　　　　　　图 4-98

悬浮操作按钮、小型悬浮操作按钮和大型悬浮操作按钮的设计尺寸如图 4-99 ～ 图 4-101 所示（注意，图中尺寸单位为 dp）。

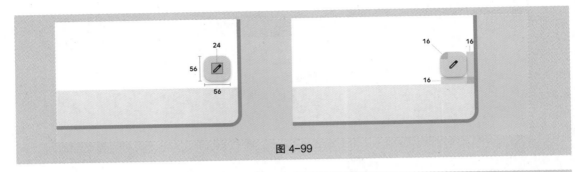

图 4-99

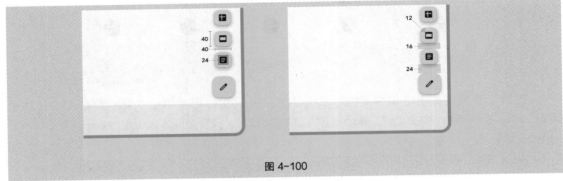

图 4-100

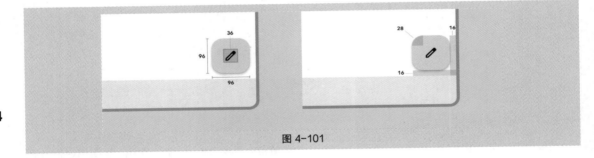

图 4-101

4.1.4　扩展悬浮操作按钮

使用常规的悬浮操作按钮可能会不够清晰，因此可以使用扩展悬浮操作按钮。扩展悬浮操作按钮是最突出的按钮之一，用于执行屏幕上最常见或最重要的操作。在具有长滚动视图且需要持续访问或操作的屏幕（如结账屏幕）上使用扩展悬浮操作按钮，不要在无法滚动的视图中使用扩展悬浮操作按钮，如图 4-102 所示。扩展悬浮操作按钮可以同时包含图标和标签文本，如图 4-103 所示。

图 4-102　　　　　　　　　　　　　　　　图 4-103

扩展悬浮操作按钮高度为56dp，其宽度是动态的，最小为80dp，圆角半径为16dp，图标大小为24dp×24dp，边距为16dp，如图4-104所示。

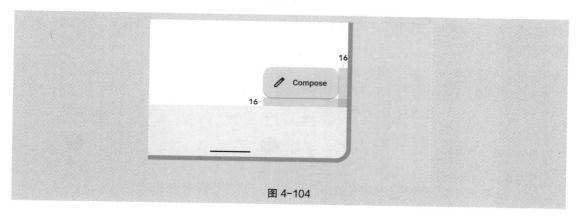

图 4-104

4.1.5　图标按钮

图标按钮用于帮助用户执行一些特定操作，其图标必须使用含义明确的系统图标，如图4-105所示。图标按钮可以代表"打开"操作，也可以代表"打开"和"关闭"的双重操作。图标按钮可以组合在一起，也可以单独存在。它通常细分为标准和包含两种类型，如图4-106所示。使用轮廓样式的图标代表未选择状态，使用填充样式的图标代表选择状态。

图标按钮的图标尺寸为24dp，容器尺寸为40dp，目标尺寸为48dp，如图4-107所示。

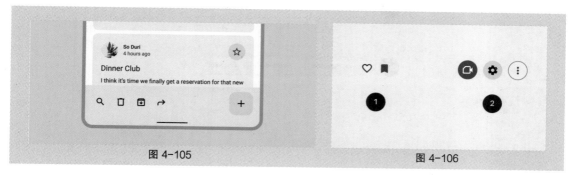

图 4-105　　　　　　　　　　　　　　　　　　　图 4-106

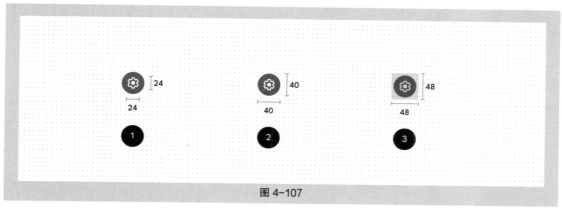

图 4-107

4.1.6　分段按钮

分段按钮用于帮助人们选择选项、切换视图或排序元素。分段按钮可以包含图标、标签文本或同时包含二者，通常细分为单选和多选两种类型，多用于 2 ～ 5 个项目的简单选择，如图 4-108 和图 4-109 所示。

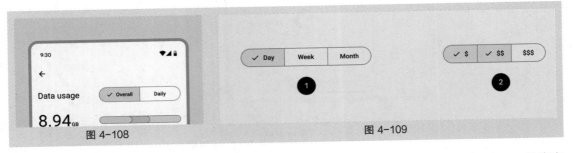

图 4-108　　　　　　　　　　　　　　　　　　图 4-109

分段按钮的容器宽度基于标签动态变化，分段宽度为容器宽度／总分段，高度为 40dp，轮廓宽度为 1dp。标签对齐方式为居中，左／右内边距最小为 12dp，元素之间的内边距为 8dp，目标大小为 48dp×48dp，如图 4-110 所示。

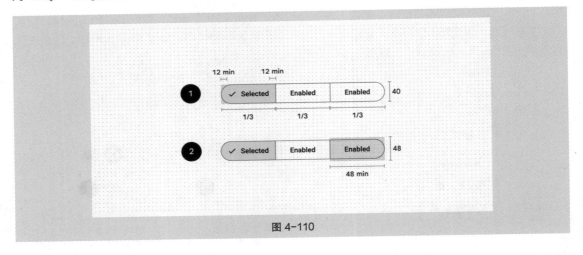

图 4-110

4.2　反馈组件

4.2.1　课堂案例——制作家具类 App 分类页

【案例学习目标】学习使用"形状工具""文字工具""置入嵌入对象"命令制作家具类 App 分类页。

【案例知识要点】使用"矩形工具""椭圆工具"绘制形状，使用"置入嵌入对象"命令置入图片和图标，使用"横排文字工具"输入文字，效果如图 4-111 所示。

【效果所在位置】云盘 >Ch04> 制作家具类 App 分类页 > 工程文件 .psd。

图 4-111

（1）按"Ctrl+N"组合键，弹出"新建文档"对话框，将"宽度"设为 1080 像素，"高度"设为 2400 像素，"分辨率"设为 72 像素 / 英寸，"背景内容"设为浅灰色（245,245,245），如图 4-112 所示。单击"创建"按钮，完成文档新建。

（2）选择"视图 > 新建参考线版面"命令，弹出"新建参考线版面"对话框，具体设置如图 4-113 所示。单击"确定"按钮，完成参考线版面的创建。

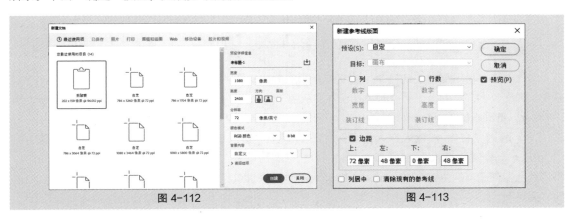

图 4-112　　　　　　　　　　　　　　　图 4-113

（3）选择"文件 > 置入嵌入对象"命令，弹出"置入嵌入的对象"对话框。选择云盘中的"Ch04 > 制作家具类 App 分类页 > 素材 > 01"文件，单击"置入"按钮，将图片置入图像窗口中，再将其拖曳到适当的位置，按"Enter"键确认操作，如图 4-114 所示，在"图层"控制面板中生成新的图层并将其命名为"状态栏"。

（4）选择"视图 > 新建参考线"命令，弹出"新建参考线"对话框，具体设置如图 4-115 所示。单击"确定"按钮，完成参考线的创建。

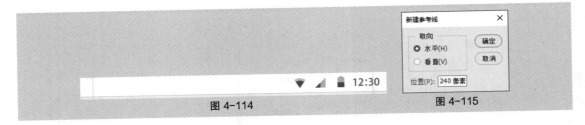

图 4-114   图 4-115

（5）选择"矩形工具" 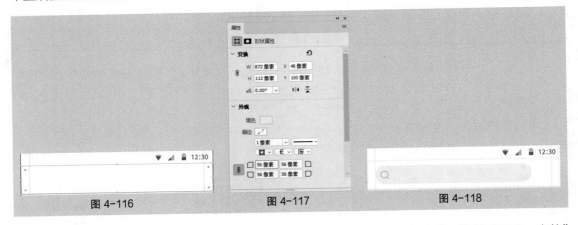，在属性栏中将"选择工具模式"设为"形状"，将"填充"设为白色，"描边"设为无颜色。在图像窗口中适当的位置绘制矩形，如图 4-116 所示，在"图层"控制面板中生成新的形状图层"矩形 1"。再次绘制一个矩形，在"图层"控制面板中生成新的形状图层"矩形 2"。在属性栏中将"填充"设为浅灰色（245,245,245），"描边"设为无颜色。在"属性"面板中进行设置，如图 4-117 所示，按"Enter"键确认操作。

（6）选择"文件 > 置入嵌入对象"命令，弹出"置入嵌入的对象"对话框。选择云盘中的"Ch04 > 制作家具类 App 分类页 > 素材 > 02"文件，单击"置入"按钮，将图标置入图像窗口中，再将其拖曳到适当的位置，按"Enter"键确认操作，如图 4-118 所示，在"图层"控制面板中生成新的图层并将其命名为"搜索"。

图 4-116   图 4-117   图 4-118

（7）选择"横排文字工具" T，在适当的位置输入需要的文字并选择文字。选择"窗口 > 字符"命令，弹出"字符"面板，将"颜色"设为中灰色（197,197,197），并设置合适的字体和字号，按"Enter"键确认操作，效果如图 4-119 所示，在"图层"控制面板中生成新的文字图层。

（8）选择"文件 > 置入嵌入对象"命令，弹出"置入嵌入的对象"对话框。选择云盘中的"Ch04 > 制作家具类 App 分类页 > 素材 > 03"文件，单击"置入"按钮，将图标置入图像窗口中，再将其拖曳到适当的位置，按"Enter"键确认操作，在"图层"控制面板中生成新的图层并将其命名为"消息"。

（9）选择"椭圆工具" ○，在属性栏中将"填充"设为深红色（183,71,56），"描边"设为无颜色。按住"Shift"键的同时，在图像窗口中适当的位置绘制圆形，按"Enter"键确认操作，效果如图 4-120 所示，在"图层"控制面板中生成新的形状图层"椭圆 1"。

图 4-119   图 4-120

（10）选择"直线工具" ，按住"Shift"键的同时，在适当的位置绘制一条直线。在属性栏中将"填充"设为浅灰色（245,245,245），"描边"设为无颜色，"H"设为3像素，如图4-121所示，在"图层"控制面板中生成新的形状图层"直线1"。按住"Shift"键的同时单击"矩形1"图层，将需要的图层同时选择，按"Ctrl+G"组合键，编组图层并将其命名为"搜索栏"，如图4-122所示。

图4-121　　　　　　　　　　　　　　　图4-122

（11）选择"矩形工具" ，在属性栏中将"填充"设为白色，"描边"设为无颜色。在图像窗口中适当的位置绘制矩形，如图4-123所示，在"图层"控制面板中生成新的形状图层"矩形3"。绘制一个矩形，如图4-124所示，在"图层"控制面板中生成新的形状图层"矩形4"。再次绘制一个矩形，在"图层"控制面板中生成新的形状图层"矩形5"。在属性栏中将"填充"设为深灰色（51,51,51），"描边"设为无颜色。

（12）选择"横排文字工具" ，在适当的位置输入需要的文字并选择文字。在"字符"面板中，将"颜色"设为深灰色（51,51,51），并设置合适的字体和字号，按"Enter"键确认操作，效果如图4-125所示，在"图层"控制面板中生成新的文字图层。

（13）按住"Shift"键的同时单击"矩形4"图层，将需要的图层同时选择，按"Ctrl+G"组合键，编组图层并将其命名为"家具分类"，如图4-126所示。使用上述方法分别绘制形状并输入文字，效果如图4-127所示，在"图层"控制面板中分别生成新的图层组。

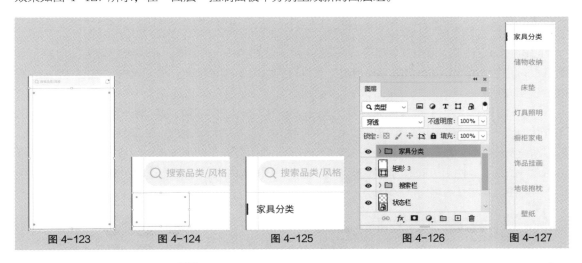

图4-123　　　　图4-124　　　　图4-125　　　　图4-126　　　　图4-127

（14）选择"直线工具" ，在属性栏中将"填充"设为浅灰色（245,245,245），"描边"设为无颜色，"H"设为3像素，按住"Shift"键的同时，在适当的位置绘制一条竖线，如图4-128所示，在"图层"控制面板中生成新的形状图层"直线2"。按住"Shift"键的同时单击"家具分类"图层组，将需要的图层组同时选择，按"Ctrl+G"组合键，编组图层组并将其命名为"列表选项"。

（15）选择"横排文字工具" **T.**，在适当的位置输入需要的文字并选择文字。在"字符"面板中，将"颜色"设为深灰色（51,51,51），并设置合适的字体和字号，按"Enter"键确认操作，效果如图 4-129 所示，在"图层"控制面板中生成新的文字图层。

（16）选择"文件 > 置入嵌入对象"命令，弹出"置入嵌入的对象"对话框。选择云盘中的"Ch04 > 制作家具类 App 分类页 > 素材 > 04"文件，单击"置入"按钮，将图片置入图像窗口中，再将其拖曳到适当的位置并调整大小，按"Enter"键确认操作，在"图层"控制面板中生成新的图层并将其命名为"贵妃椅"。使用上述的方法输入文字并设置合适的字体和字号，按"Enter"键确认操作，效果如图 4-130 所示，在"图层"控制面板中生成新的文字图层。

（17）使用上述的方法分别置入图片，输入文字并绘制直线，在"图层"控制面板中分别生成新的图层组，如图 4-131 所示，效果如图 4-132 所示。

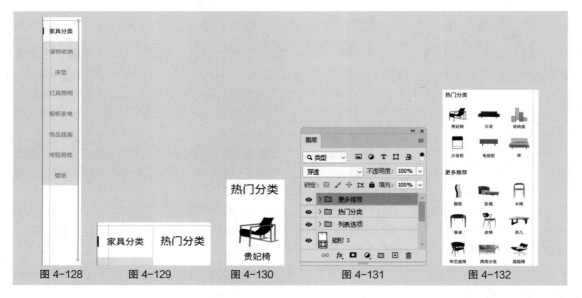

图 4-128　　　　　图 4-129　　　　　图 4-130　　　　　图 4-131　　　　　图 4-132

（18）选择"视图 > 新建参考线"命令，弹出"新建参考线"对话框，具体设置如图 4-133 所示。使用相同的方法再次新建一条水平参考线，具体设置如图 4-134 所示。分别单击"确定"按钮，完成参考线的创建。

（19）选择"文件 > 置入嵌入对象"命令，弹出"置入嵌入的对象"对话框。选择云盘中的"Ch04 > 制作家具类 App 分类页 > 素材 > 19"文件，单击"置入"按钮，将图片置入图像窗口中，再将其拖曳到适当的位置，按"Enter"键确认操作，在"图层"控制面板中生成新的图层并将其命名为"导航栏"。使用相同的方法置入"20"文件，效果如图 4-135 所示，在"图层"控制面板中生成新的图层并将其命名为"底部应用栏"。

图 4-133　　　　　　　　　图 4-134　　　　　　　　　图 4-135

（20）选择"矩形工具" ，在属性栏中将"填充"设为中黑色（27,27,27），"描边"设为无颜色。在图像窗口中适当的位置绘制矩形，在"图层"控制面板中生成新的形状图层"矩形6"。在"属性"面板中单击"蒙版"按钮，具体设置如图4-136所示。按"Enter"键确认操作，效果如图4-137所示。

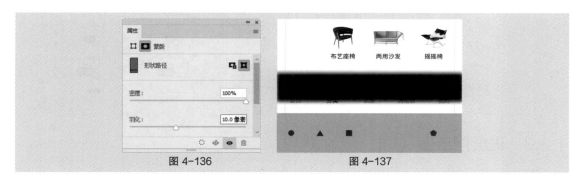

图 4-136　　　　　　　　　　　图 4-137

（21）将"矩形6"图层的"不透明度"设为20%，并将其拖曳到"导航栏"图层的下方，如图4-138所示，效果如图4-139所示。至此，家具类App分类页制作完成。

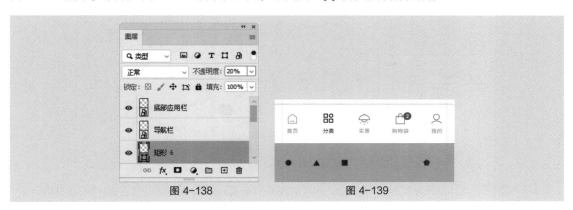

图 4-138　　　　　　　　　　　图 4-139

4.2.2　角标

角标用于显示导航项和图标上的通知、计数或状态信息。其包含标签或数字，通常细分为小型和大型两种类型。小型角标是一个简单的圆，用于指示未读通知。大型角标包含传达计数信息的文本，如图4-140所示。角标位于图标边框内，位于图标的右上方。角标的内容限制为4个字符（包括"+"），并且保留默认颜色，如图4-141所示。

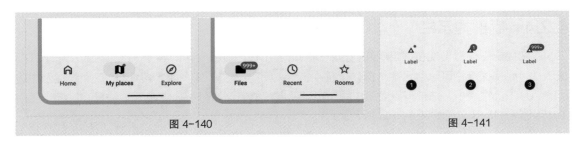

图 4-140　　　　　　　　　　　图 4-141

小型角标和大型角标的设计尺寸如图4-142所示（注意，图中尺寸单位为dp）。

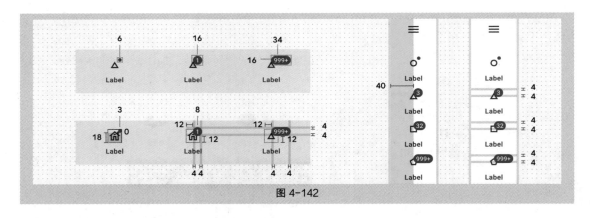

图 4-142

4.2.3 进度指示器

进度指示器用于实时显示进程状况，建议对所有的流程实例使用相同的进度指示器。它们传达应用程序的状态并指示可用的操作，如用户是否可以离开当前屏幕。当显示一系列流程的进度时，应指示整体进度而不是每个活动的进度，如图 4-143 所示。进度指示器通常可以细分为线性和圆形两种类型，如图 4-144 所示。

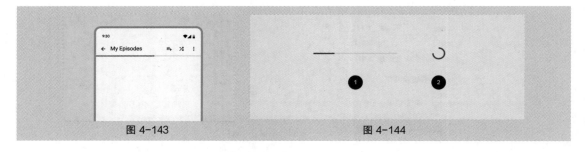

图 4-143   图 4-144

线性进度指示器和圆形进度指示器的设计尺寸如图 4-145 和图 4-146 所示（图中尺寸单位为 dp）。

图 4-145   图 4-146

4.2.4 底部提示栏

底部提示栏通常出现在屏幕底部，显示简短的应用程序流程更新内容，一次只能显示一个底部提示栏。底部提示栏可以包含单个操作，其中，"关闭"或"取消"操作是可选的。底部提示栏传达的消息干扰性最小，并且不需用户操作也可以自行消失，如图 4-147 所示。注意，底部提示栏不应中断用户的体验，如图 4-148 所示。

底部提示栏图标大小为 24dp×24dp，包含一行文字时的高度为 48dp，包含两行文字时的高度为 68dp，如图 4-149 和图 4-150 所示。

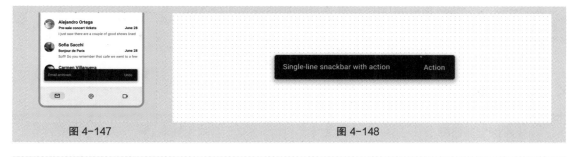

图 4-147   图 4-148

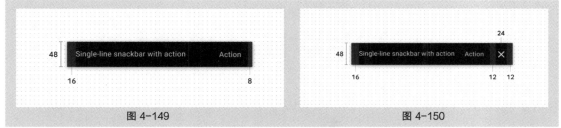

图 4-149   图 4-150

4.2.5　工具提示

工具提示显示简短的标签或消息，使用工具提示可以向按钮或其他移动 UI 元素提供附加的上下文，如图 4-151 所示。工具提示通常细分为简单的工具提示和丰富的工具提示两种类型，丰富的工具提示可以包括可选标题、链接和按钮，如图 4-152 所示。使用简单的工具提示来描述图标按钮的元素或操作，使用丰富的工具提示提供更多详细信息，例如描述功能的价值。

图 4-151   图 4-152

简单的工具提示和丰富的工具提示的设计尺寸如图 4-153 和图 4-154 所示（图中标注单位都为 dp）。

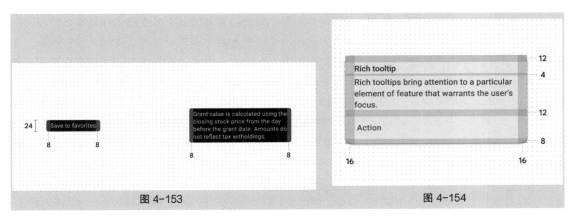

图 4-153   图 4-154

4.3 容器组件

4.3.1 课堂案例——制作家具类 App 个人中心页

【案例学习目标】学习使用"形状工具""文字工具""置入嵌入对象"命令制作家具类 App 个人中心页。

【案例知识要点】使用"矩形工具""椭圆工具"绘制形状，使用"置入嵌入对象"命令置入图片和图标，使用"属性"面板制作弥散投影，使用"横排文字工具"输入文字，效果如图 4-155 所示。

【效果所在位置】云盘 >Ch04> 制作家具类 App 个人中心页 > 工程文件 .psd。

图 4-155

（1）按"Ctrl+N"组合键，弹出"新建文档"对话框，将"宽度"设为 1080 像素，"高度"设为 2400 像素，"分辨率"设为 72 像素 / 英寸，"背景内容"设为浅灰色（245,245,245），如图 4-156 所示。单击"创建"按钮，完成文档新建。

（2）选择"视图 > 新建参考线版面"命令，弹出"新建参考线版面"对话框，具体设置如图 4-157 所示。单击"确定"按钮，完成参考线版面的创建。

（3）选择"文件 > 置入嵌入对象"命令，弹出"置入嵌入的对象"对话框。选择云盘中的"Ch04 > 制作家具类 App 个人中心页 > 素材 > 01"文件，单击"置入"按钮，将图片置入图像窗口中，再将其拖曳到适当的位置，按"Enter"键确认操作，如图 4-158 所示，在"图层"控制面板中生成新的图层并将其命名为"状态栏"。

（4）选择"视图 > 新建参考线"命令，弹出"新建参考线"对话框，具体设置如图 4-159 所示。单击"确定"按钮，完成参考线的创建。

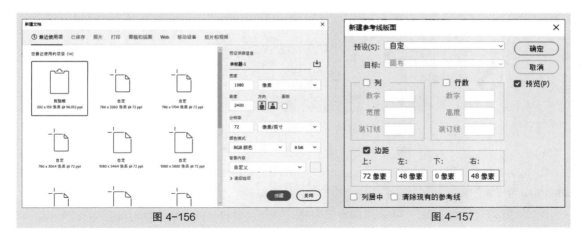

图 4-156　　　　　　　　　　　　　　　　　图 4-157

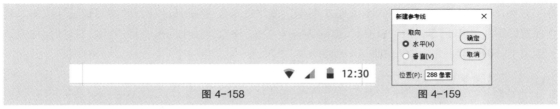

图 4-158　　　　　　　　　　　　　　　　　图 4-159

（5）选择"椭圆工具" ⃝ ，在属性栏中将"选择工具模式"设为"形状"，将"填充"设为深灰色（51,51,51），"描边"设为无颜色。按住"Shift"键的同时，在图像窗口中适当的位置绘制圆形，按"Enter"键确认操作，效果如图 4-160 所示，在"图层"控制面板中生成新的形状图层"椭圆 1"。

（6）选择"文件 > 置入嵌入对象"命令，弹出"置入嵌入的对象"对话框。选择云盘中的"Ch04 > 制作家具类 App 个人中心页 > 素材 > 02"文件，单击"置入"按钮，将图片置入图像窗口中，再将其拖曳到适当的位置并调整大小，按"Enter"键确认操作，在"图层"控制面板中生成新的图层并将其命名为"头像"。按"Alt+Ctrl+G"组合键，为"头像"图层创建剪贴蒙版，效果如图 4-161 所示。

（7）选择"横排文字工具" T. ，在适当的位置输入需要的文字并选择文字。选择"窗口 > 字符"命令，弹出"字符"面板，将"颜色"设为深灰色（51,51,51），并设置合适的字体和字号，按"Enter"键确认操作，效果如图 4-162 所示，在"图层"控制面板中生成新的文字图层。

图 4-160　　　　　　　　　　　图 4-161　　　　　　　图 4-162

（8）使用相同的方法置入图标并绘制圆形，效果如图 4-163 所示，在"图层"控制面板中分别生成新的图层。按住"Shift"键的同时，单击"椭圆 1"图层，将需要的图层同时选择，按"Ctrl+G"组合键，编组图层并将其命名为"个人信息"。

（9）选择"视图 > 新建参考线"命令，弹出"新建参考线"对话框，具体设置如图 4-164 所示。使用相同的方法再次新建一条水平参考线，设置如图 4-165 所示。分别单击"确定"按钮，完成参考线的创建。

图 4-163　　　　　　　　　图 4-164　　　　　　　　　图 4-165

（10）选择"文件 > 置入嵌入对象"命令，弹出"置入嵌入的对象"对话框。选择云盘中的"Ch04 > 制作家具类 App 个人中心页 > 素材 > 05"文件，单击"置入"按钮，将图片置入图像窗口中，再将其拖曳到适当的位置，按"Enter"键确认操作，效果如图 4-166 所示，在"图层"控制面板中生成新的图层并将其命名为"会员卡"。

（11）选择"矩形工具" ，在属性栏中将"填充"设为灰色（153,153,153），"描边"设为无颜色。在图像窗口中适当的位置绘制矩形，在"图层"控制面板中生成新的形状图层"矩形 1"。在"属性"面板中进行设置，如图 4-167 所示，按"Enter"键确认操作。单击"蒙版"按钮，具体设置如图 4-168 所示，按"Enter"键确认操作。在"图层"控制面板中将"矩形 1"图层拖曳到"会员卡"图层的下方，效果如图 4-169 所示。

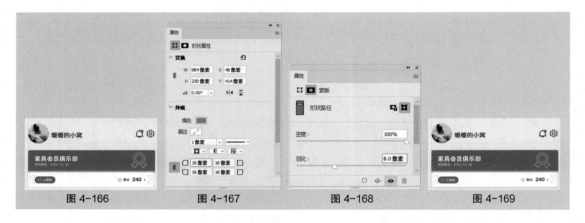

图 4-166　　　　　　图 4-167　　　　　　图 4-168　　　　　　图 4-169

（12）选择"视图 > 新建参考线"命令，弹出"新建参考线"对话框，具体设置如图 4-170 所示。单击"确定"按钮，完成参考线的创建。

（13）选择"会员卡"图层。选择"矩形工具" ，在属性栏中将"填充"设为藏蓝色（23,35,57），"描边"设为无颜色。在图像窗口中适当的位置绘制矩形，在"图层"控制面板中生成新的形状图层"矩形 2"。在"属性"面板中进行设置，如图 4-171 所示。按"Enter"键确认操作，效果如图 4-172 所示。

（14）选择"横排文字工具" ，在适当的位置分别输入需要的文字并选择文字，在"字符"面板中，将"颜色"设为白色和土黄色（212,180,110），并设置合适的字体和字号，按"Enter"键确认操作，在"图层"控制面板中分别生成新的文字图层。

（15）选择"文件 > 置入嵌入对象"命令，弹出"置入嵌入的对象"对话框。选择云盘中的"Ch04 > 制作家具类 App 个人中心页 > 素材 > 06"文件，单击"置入"按钮，将图标置入图像窗口中，再将其拖曳到适当的位置，按"Enter"键确认操作，效果如图 4-173 所示，在"图层"控制面板中生成新的图层并将其命名为"展开"。按住"Shift"键的同时单击"矩形 2"图层，将需要的图层同时选择，按"Ctrl+G"组合键，编组图层并将其命名为"包邮卡"。

图 4-170　　　　　　　图 4-171　　　　　　　图 4-172　　　　　　　图 4-173

（16）选择"矩形工具" □.，在属性栏中将"填充"设为白色，"描边"设为无颜色。在图像窗口中适当的位置绘制矩形，效果如图 4-174 所示，在"图层"控制面板中生成新的形状图层"矩形 3"。使用上述方法分别置入图标并输入文字，效果如图 4-175 所示，在"图层"控制面板中分别生成新的图层。

图 4-174　　　　　　　　　　　　图 4-175

（17）选择"直线工具" ∕.，按住"Shift"键的同时，在适当的位置绘制一条直线。在属性栏中将"填充"设为中灰色（238,238,238），"描边"设为无颜色，"H"设为 3 像素，如图 4-176 所示，在"图层"控制面板中生成新的形状图层"直线 1"。按住"Shift"键的同时单击"矩形 3"图层，将需要的图层同时选择，按"Ctrl+G"组合键，编组图层并将其命名为"服务"。

（18）使用上述的方法，分别置入图标、输入文字并绘制形状，效果如图 4-177 所示，在"图层"控制面板中生成新的图层组"更多服务"，如图 4-178 所示。按住"Shift"键的同时单击"个人信息"图层组，将需要的图层同时选择，按"Ctrl+G"组合键，编组图层并将其命名为"内容区"。

图 4-176　　　　　　　图 4-177　　　　　　　图 4-178

（19）选择"视图 > 新建参考线"命令，弹出"新建参考线"对话框，具体设置如图 4-179 所示。使用相同的方法再次新建一条水平参考线，具体设置如图 4-180 所示。分别单击"确定"按钮，完成参考线的创建。

（20）选择"文件 > 置入嵌入对象"命令，弹出"置入嵌入的对象"对话框。选择云盘中的"Ch04 > 制作家具类 App 个人中心页 > 素材 > 16"文件，单击"置入"按钮，将图片置入图像窗口中，再将其拖曳到适当的位置，按"Enter"键确认操作，在"图层"控制面板中生成新的图层并将其命名为"导航栏"。使用相同的方法置入"17"文件，效果如图 4-181 所示，在"图层"控制面板中生成新的图层并将其命名为"底部应用栏"。

图 4-179　　　　图 4-180　　　　图 4-181

（21）选择"矩形工具" ▭，在属性栏中将"填充"设为淡灰色（193,193,193），"描边"设为无颜色。在图像窗口中适当的位置绘制矩形，在"图层"控制面板中生成新的形状图层"矩形 5"。在"属性"面板中单击"蒙版"按钮，具体设置如图 4-182 所示，按"Enter"键确认操作。将"矩形 5"图层的"不透明度"设为 40%，并将其拖曳到"导航栏"图层的下方，如图 4-183 所示，效果如图 4-184 所示。至此，家具类 App 个人中心页制作完成。

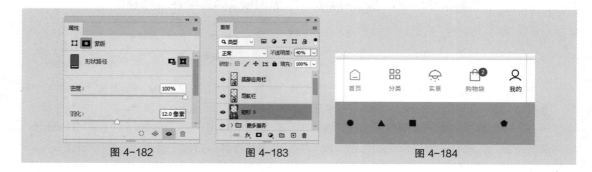

图 4-182　　　　图 4-183　　　　图 4-184

4.3.2　卡片

卡片是单个主题内容和操作的集合，卡片中与主题有关的元素可以是图像、标题、文本、按钮和列表等，还可以是其他组件。卡片应该易于扫描以获取相关且可操作的信息。放置在卡片上的文本和图像等元素应具有清晰的层次结构，如图 4-185 所示。卡片通常细分为漂浮式、填充式、轮廓式 3 种类型，分别如图 4-186 ①、②、③所示。卡片通常具有灵活的布局和尺寸。

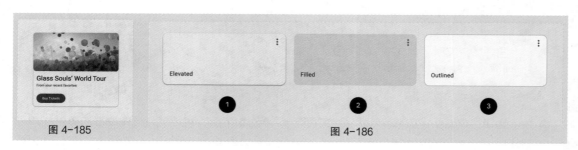

图 4-185　　　　　　　　　　　图 4-186

卡片的圆角半径为 12dp，左 / 右内边距为 16dp，卡片之间的距离最大为 8dp，标签文本的对齐方式为起始对齐，如图 4-187 所示。

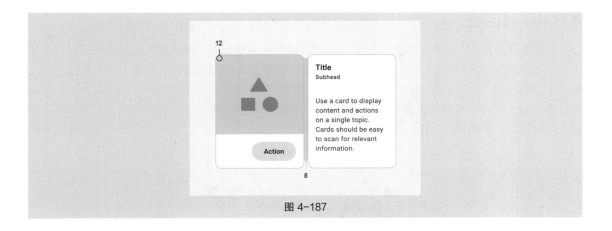

图 4-187

4.3.3　走马灯

走马灯展示了一组可以在屏幕上轮播滚动的视觉项目，包含图像或视频以及可选的标签文本，如图 4-188 所示。走马灯通常使用多浏览、无限制、游戏和全屏 4 种布局，可以起始对齐或中心对齐。其中，中心对齐的是最常见的布局是游戏布局。滚动时，视觉项目具有视差效果，视觉项目在旋转、移动时会改变大小，如图 4-189 所示。

图 4-188　　　　　　　　　　　　图 4-189

所有类型的轮播项目都会动态适应容器的宽度。大轮播项目的最大宽度可以定制，用于将传送带中的项目更好地放入可用空间中。小轮播项目的最小宽度为 40dp，最大宽度为 56dp，如图 4-190 所示。轮播项目的间距如图 4-191 所示（图中尺寸单位为 dp）。

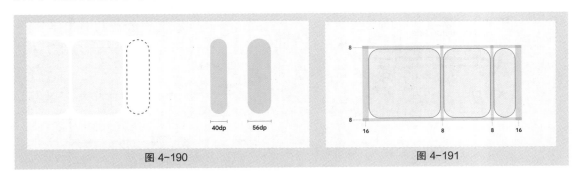

图 4-190　　　　　　　　　　　　图 4-191

4.3.4 对话框

对话框用于在用户流中提供重要提示，使用对话框可以确保用户根据相关信息采取行动，多用于确认、删除等高风险操作。对话框出现在应用程序内容前面的模式窗口上，用于提供关键信息或要求用户做出决定。对话框出现时会禁用所有应用程序功能，并保留在屏幕上，直到用户确认、取消或执行特定操作。对话框是有意中断用户流的，因此应谨慎使用。对话框通常细分为基本对话框和全屏对话框两种类型，如图4-192所示。对话框应只完成单个任务，同时可以显示与任务相关的信息。

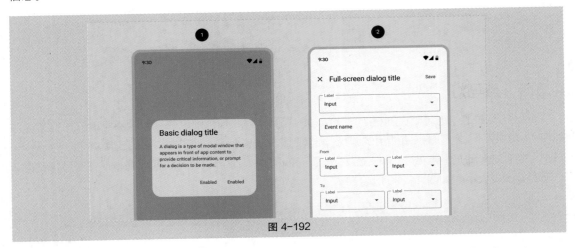

图 4-192

基本对话框和全屏对话框的设计尺寸如图4-193和图4-194所示（图中尺寸单位为dp）。

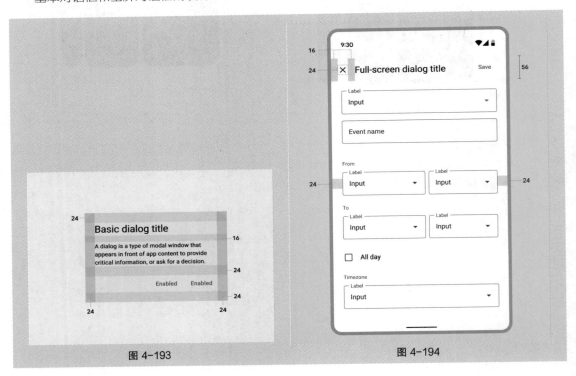

图 4-193　　　　　　　　图 4-194

4.3.5　分隔线

　　分隔线是用于在列表或其他容器中将内容分组的细线条，分隔线可见但不能过粗，如图 4-195 所示。仅当无法用开放空间对项目进行分组时才使用分隔线，使用分隔线对项目组进行分组，而不是分割单个项目。分隔线通常可以细分为全宽式和插入式两种类型，如图 4-196 和图 4-197 所示。

图 4-195　　　　　　　　　　　图 4-196　　　　　　　　　　　图 4-197

　　分隔线的设计尺寸如图 4-198 所示（图中尺寸单位为 dp）。

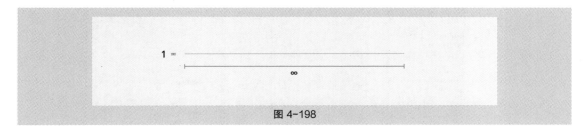

图 4-198

4.3.6　列表

　　列表是连续的、垂直的文本和图像索引，如图 4-199 所示。通常以数字等逻辑方式对列表项目进行排序。使用列表可以帮助用户找到特定项目并对其进行操作，如图 4-200 所示。列表根据尺寸可以细分为一行、两行和三行 3 种类型。项目内容应简短且易于扫描，图标应和文本、操作统一。

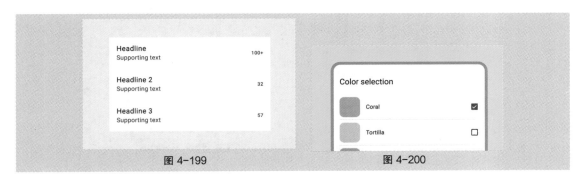

图 4-199　　　　　　　　　　　　　　　　图 4-200

　　一行列表、两行列表和三行列表的设计尺寸如图 4-201 ～图 4-203 所示（图中尺寸单位为dp）。

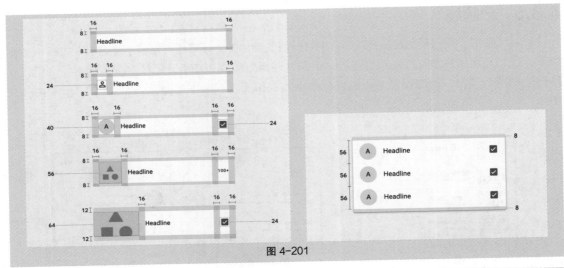

图 4-201

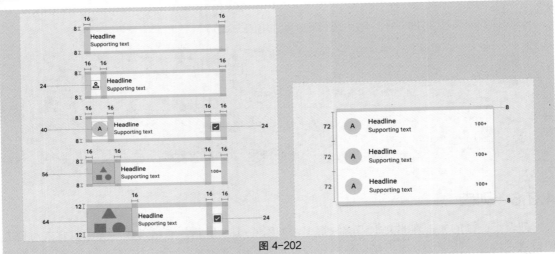

图 4-202

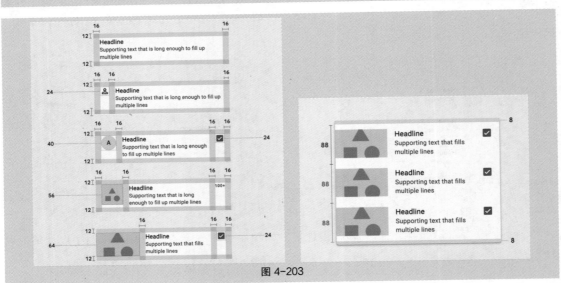

图 4-203

4.4 导航组件

4.4.1 课堂案例——制作家具类 App 首页

【案例学习目标】学习使用"形状工具""文字工具""置入嵌入对象"命令、"创建剪贴蒙版"命令和"添加图层样式"按钮制作家具类 App 首页。

【案例知识要点】使用"矩形工具""椭圆工具""直线工具"绘制形状，使用"置入嵌入对象"命令置入图片和图标，使用"创建剪贴蒙版"命令调整图片显示区域，使用"渐变叠加"命令添加效果，使用"属性"面板制作弥散投影，使用"横排文字工具"输入文字，效果如图 4-204 所示。

【效果所在位置】云盘 >Ch04> 制作家具类 App 首页 > 工程文件 .psd。

图 4-204

1. 制作状态栏、顶部导航栏、搜索栏和 Banner

（1）按"Ctrl+N"组合键，弹出"新建文档"对话框，将"宽度"设为 1080 像素，"高度"设为 5800 像素，"分辨率"设为 72 像素 / 英寸，"背景内容"设为浅灰色（245,245,245），如图 4-205 所示。单击"创建"按钮，完成文档新建。

（2）选择"视图 > 新建参考线版面"命令，弹出"新建参考线版面"对话框，具体设置如图 4-206 所示。单击"确定"按钮，完成参考线版面的创建。

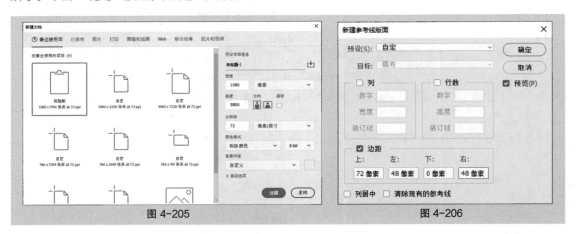

图 4-205　　　　　　　　　　　　　　　　图 4-206

（3）选择"视图 > 新建参考线"命令，弹出"新建参考线"对话框，具体设置如图 4-207 所示。单击"确定"按钮，完成参考线的创建。

（4）选择"矩形工具" □，在属性栏中将"选择工具模式"设为"形状"，将"填充"设为石竹色（213,203,194），"描边"设为无颜色。在图像窗口中适当的位置绘制矩形，如图 4-208 所示，在"图层"控制面板中生成新的形状图层"矩形 1"。

（5）选择"文件 > 置入嵌入对象"命令，弹出"置入嵌入的对象"对话框。选择云盘中的"Ch04 > 制作家具类 App 首页 > 素材 > 01"文件，单击"置入"按钮，将图片置入图像窗口中，再将其拖曳到适当的位置，按"Enter"键确认操作，如图 4-209 所示，在"图层"控制面板中生成新的图层并将其命名为"状态栏"。

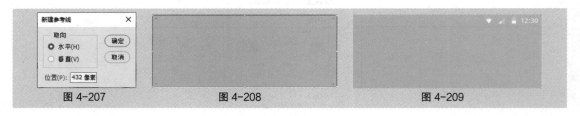

图 4-207　　　　　　　　　图 4-208　　　　　　　　　图 4-209

（6）选择"视图 > 新建参考线"命令，弹出"新建参考线"对话框，具体设置如图 4-210 所示，单击"确定"按钮，完成参考线的创建。

（7）选择"横排文字工具" T.，在适当的位置输入需要的文字并选择文字。选择"窗口 > 字符"命令，弹出"字符"面板，将"颜色"设为白色，并设置合适的字体和字号，按"Enter"键确认操作，在"图层"控制面板中生成新的文字图层。

（8）选择"文件 > 置入嵌入对象"命令，弹出"置入嵌入的对象"对话框。选择云盘中的"Ch04 > 制作家具类 App 首页 > 素材 > 02"文件，单击"置入"按钮，将图标置入图像窗口中，再将其拖曳到适当的位置，按"Enter"键确认操作，如图4-211所示，在"图层"控制面板中生成新的图层并将其命名为"消息"。使用相同的方法分别置入"03"和"04"文件，在"图层"控制面板中分别生成新的图层并将其命名为"扫描"和"更多"。

（9）选择"椭圆工具" ◯，在属性栏中将"填充"设为深红色（183,71,56），"描边"设为无颜色。按住"Shift"键的同时，在图像窗口中适当的位置绘制圆形，按"Enter"键确认操作，效果如图4-212所示，在"图层"控制面板中生成新的形状图层"椭圆1"。按住"Shift"键的同时单击"首页"图层，将需要的图层同时选择，按"Ctrl+G"组合键，编组图层并将其命名为"顶部导航栏"。

图 4-210　　　　　　　　图 4-211　　　　　　　　图 4-212

（10）选择"矩形工具" ▭，在属性栏中将"填充"设为白色，"描边"设为无颜色。在图像窗口中适当的位置绘制矩形，在"图层"控制面板中生成新的形状图层"矩形2"。在"属性"面板中进行设置，如图4-213所示，按"Enter"键确认操作。使用上述的方法分别置入图标并输入文字，效果如图4-214所示，在"图层"控制面板中分别生成新的图层。按住"Shift"键的同时单击"矩形2"图层，将需要的图层同时选择，按"Ctrl+G"组合键，编组图层并将其命名为"搜索栏"。

（11）选择"视图 > 新建参考线"命令，弹出"新建参考线"对话框，具体设置如图4-215所示。单击"确定"按钮，完成参考线的创建。

图 4-213　　　　　　　　图 4-214　　　　　　　　图 4-215

（12）选择"文件 > 置入嵌入对象"命令，弹出"置入嵌入的对象"对话框。选择云盘中的"Ch04 > 制作家具类 App 首页 > 素材 > 06"文件，单击"置入"按钮，将图片置入图像窗口中，再将其拖曳到适当的位置，按"Enter"键确认操作，如图4-216所示，在"图层"控制面板中生成新的图层并将其命名为"Banner"。

（13）选择"矩形工具" ▭，在属性栏中将"填充"设为浅灰色（245,245,245），"描边"设为无颜色。在图像窗口中适当的位置绘制矩形，如图4-217所示，按"Enter"键确认操作，在"图层"控制面板中生成新的形状图层"矩形3"。

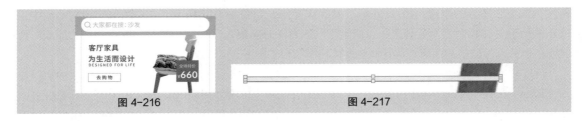

图 4-216   图 4-217

（14）按"Ctrl+J"组合键，复制图层，在"图层"控制面板中生成新的形状图层"矩形 3 拷贝"，在"属性"面板中将"填充"设为青灰色（102,102,102）。选择"移动工具" ⊕，按"Ctrl+T"组合键，调整形状大小，如图 4-218 所示，按"Enter"键确认操作。

（15）按住"Shift"键的同时单击"矩形 3"图层，将需要的图层同时选择，按"Ctrl+G"组合键，编组图层并将其命名为"滑动轴"。按住"Shift"键的同时单击"Banner"图层，将需要的图层同时选择，按"Ctrl+G"组合键，编组图层并将其命名为"Banner"，如图 4-219 所示。

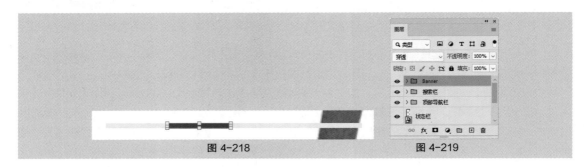

图 4-218   图 4-219

2．制作内容区、导航栏和底部应用栏

（1）选择"视图 > 新建参考线"命令，弹出"新建参考线"对话框，具体设置如图 4-220 所示。单击"确定"按钮，完成参考线的创建。

（2）选择"文件 > 置入嵌入对象"命令，弹出"置入嵌入的对象"对话框。选择云盘中的"Ch04 > 制作家具类 App 首页 > 素材 > 07"文件，单击"置入"按钮，将图标置入图像窗口中，再将其拖曳到适当的位置，按"Enter"键确认操作，在"图层"控制面板中生成新的图层并将其命名为"保障"。

（3）选择"横排文字工具" T，在适当的位置输入需要的文字并选择文字。在"字符"面板中，将"颜色"设为深灰色（51,51,51），并设置合适的字体和字号，按"Enter"键确认操作，效果如图 4-221 所示，在"图层"控制面板中生成新的文字图层。使用相同的方法分别置入图标并输入文字，效果如图 4-222 所示，在"图层"控制面板中分别生成新的图层。

图 4-220   图 4-221   图 4-222

（4）按住"Shift"键的同时，单击"保障"图层，将需要的图层同时选择，按"Ctrl+G"组合键，编组图层并将其命名为"保障"，如图 4-223 所示。选择"视图 > 新建参考线"命令，弹出"新建参考线"对话框，具体设置如图 4-224 所示。使用相同的方法再次新建两条垂直参考线，具体设置如图 4-225 和图 4-226 所示。分别单击"确定"按钮，完成参考线的创建。

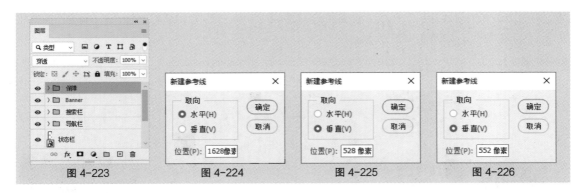

图 4-223　　　　　　图 4-224　　　　　　图 4-225　　　　　　图 4-226

（5）选择"矩形工具" ，在属性栏中将"填充"设为白色，"描边"设为无颜色。在图像窗口中适当的位置绘制矩形，在"图层"控制面板中生成新的形状图层"矩形 4"，在"属性"面板中进行设置，如图 4-227 所示。按"Enter"键确认操作，效果如图 4-228 所示。

（6）按"Ctrl+J"组合键，复制图层，在"图层"控制面板中生成新的形状图层"矩形 4 拷贝"。在属性栏中将"填充"设为蓝灰色（34,34,38）。在"图层"控制面板中将图层的"不透明度"选项设为 20%。在"属性"面板中单击"蒙版"按钮，具体设置如图 4-229 所示，按"Enter"键确认操作。在"图层"控制面板中将"矩形 4 拷贝"图层拖曳到"矩形 4"图层的下方，效果如图 4-230 所示。

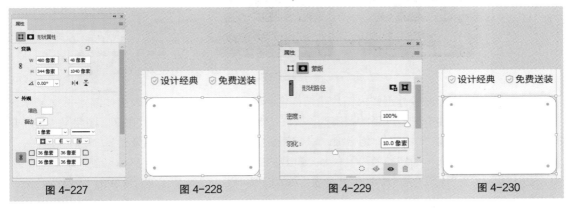

图 4-227　　　　　　图 4-228　　　　　　图 4-229　　　　　　图 4-230

（7）选择"矩形 4"图层。选择"文件 > 置入嵌入对象"命令，弹出"置入嵌入的对象"对话框。选择云盘中的"Ch04 > 制作家具类 App 首页 > 素材 > 08"文件，单击"置入"按钮，将图标置入图像窗口中，再将其拖曳到适当的位置并调整大小，按"Enter"键确认操作，在"图层"控制面板中生成新的图层并将其命名为"客厅"。按"Alt+Ctrl+G"组合键，为"客厅"图层创建剪贴蒙版，效果如图 4-231 所示。

（8）单击"图层"控制面板下方的"添加图层样式"按钮 ，在弹出的菜单中选择"颜色叠加"命令，弹出"图层样式"对话框，设置叠加颜色为黑色，其他选项的设置如图 4-232 所示。单击"确定"按钮，效果如图 4-233 所示。

（9）使用上述方法分别置入图标并输入文字，效果如图 4-234 所示，在"图层"控制面板中分别生成新的图层。

（10）选择"直线工具" ，在属性栏中将"填充"设为浅灰色（181,181,181），"描边"设为无颜色，"H"设为 2 像素，按住"Shift"键的同时，在适当的位置绘制一条竖线，按"Enter"键确认操作，效果如图 4-235 所示，在"图层"控制面板中生成新的形状图层"直线 1"。按住"Shift"

键的同时单击"矩形 4 拷贝"图层，将需要的图层同时选择，按"Ctrl+G"组合键，编组图层并将其命名为"客厅"，如图 4-236 所示。

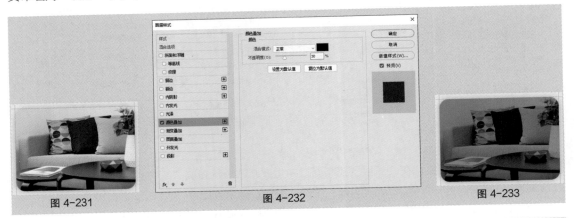

图 4-231　　　　　　　　　图 4-232　　　　　　　　　图 4-233

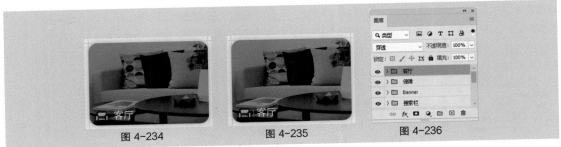

图 4-234　　　　　　　　　图 4-235　　　　　　　　　图 4-236

（11）使用上述的方法分别置入图片和图标，绘制形状并输入文字，效果如图 4-237 所示，在"图层"控制面板中分别生成新的图层组。按住"Shift"键的同时单击"客厅"图层组，将需要的图层组同时选择，按"Ctrl+G"组合键，编组图层组并将其命名为"产品分类"。

（12）选择"视图 > 新建参考线"命令，弹出"新建参考线"对话框，具体设置如图 4-238 所示。使用相同的方法再次新建一条水平参考线，具体设置如图 4-239 所示。分别单击"确定"按钮，完成参考线的创建。

图 4-237　　　　　　　　　图 4-238　　　　　　　　　图 4-239

（13）选择"文件 > 置入嵌入对象"命令，弹出"置入嵌入的对象"对话框。选择云盘中的"Ch04 > 制作家具类 App 首页 > 素材 > 18"文件，单击"置入"按钮，将图片置入图像窗口中，再将其拖曳到适当的位置，按"Enter"键确认操作，效果如图 4-240 所示，在"图层"控制面板中生成新的图层并将其命名为"Banner"。

（14）选择"视图 > 新建参考线"命令，弹出"新建参考线"对话框，具体设置如图 4-241 所示。单击"确定"按钮，完成参考线的创建。选择"矩形工具" ▢，在属性栏中将"填充"设为白色，"描边"设为无颜色。在图像窗口中适当的位置绘制矩形,如图 4-242 所示,在"图层"控制面板中生成新的形状图层"矩形 6"。使用相同的方法分别输入文字并置入图标,效果如图 4-243 所示,在"图层"控制面板中分别生成新的图层。

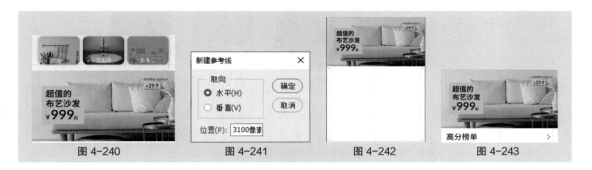

图 4-240　　　　　　　图 4-241　　　　　　　图 4-242　　　　　　　图 4-243

（15）选择"视图 > 新建参考线"命令,弹出"新建参考线"对话框,具体设置如图 4-244 所示。使用相同的方法再次新建一条水平参考线,具体设置如图 4-245 所示。分别单击"确定"按钮,完成参考线的创建。

（16）选择"矩形工具" ,在属性栏中将"填充"设为深灰色（51,51,51）,"描边"设为无颜色。在图像窗口中适当的位置绘制矩形,在"图层"控制面板中生成新的形状图层"矩形 7"。在"属性"面板中进行设置,如图 4-246 所示。按"Enter"键确认操作,效果如图 4-247 所示。

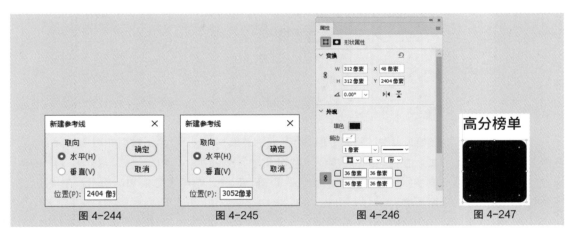

图 4-244　　　　　　　图 4-245　　　　　　　图 4-246　　　　　　　图 4-247

（17）按"Ctrl+J"组合键,复制图层,在"图层"控制面板中生成新的形状图层"矩形 7 拷贝"。选择"移动工具" ,按住"Shift"键的同时,将其垂直向下拖曳到适当的位置,在"属性"面板中单击"蒙版"按钮,具体设置如图 4-248 所示,按"Enter"键确认操作。在"图层"控制面板中将"矩形 7 拷贝"图层拖曳到"矩形 7"图层的下方,效果如图 4-249 所示。

（18）选择"矩形 7"图层。选择"文件 > 置入嵌入对象"命令,弹出"置入嵌入的对象"对话框。选择云盘中的"Ch04 > 制作家具类 App 首页 > 素材 > 20"文件,单击"置入"按钮,将图标置入图像窗口中,再将其拖曳到适当的位置并调整大小,按"Enter"键确认操作,在"图层"控制面板中生成新的图层并将其命名为"台灯"。

（19）按"Alt+Ctrl+G"组合键,为"台灯"图层创建剪贴蒙版,效果如图 4-250 所示。使用上述的方法再次绘制一个矩形,效果如图 4-251 所示,在"图层"控制面板中生成新的形状图层"矩形 8"。按"Alt+Ctrl+G"组合键,为"矩形 8"图层创建剪贴蒙版。

图 4-248　　　　　　　图 4-249　　　　图 4-250　　　　图 4-251

（20）单击"图层"控制面板下方的"添加图层样式"按钮 *fx*，在弹出的菜单中选择"渐变叠加"命令，弹出"图层样式"对话框。单击"渐变"选项右侧的"点按可编辑渐变"按钮 ，弹出"渐变编辑器"对话框，在"位置"选项中删除 100 位置点，设置 0 位置点的"颜色"为（42，41,39）；设置 0、100 两个位置点的"不透明度"为 0（40%）、100（0%），如图 4-252 所示。单击"确定"按钮，返回"图层样式"对话框，其他选项的设置如图 4-253 所示，单击"确定"按钮。

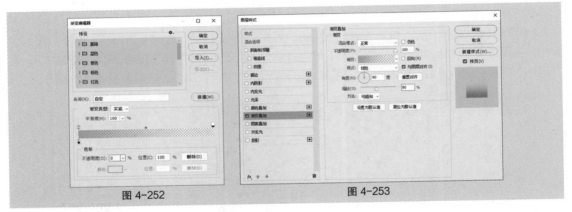

图 4-252　　　　　　　　　　　图 4-253

（21）在"图层"控制面板中，将"矩形 8"图层的"填充"设为 0%，效果如图 4-254 所示。选择"横排文字工具" **T.**，在适当的位置输入需要的文字并选择文字。在"字符"面板中，将"颜色"设为白色，并设置合适的字体和字号，按"Enter"键确认操作，效果如图 4-255 所示，在"图层"控制面板中生成新的文字图层。

（22）使用相同的方法分别置入绘制形状、置入图片并添加图层样式、输入文字，效果如图 4-256 所示，在"图层"控制面板中分别生成新的图层。按住"Shift"键的同时单击"矩形 6"图层，将需要的图层组同时选择，按"Ctrl+G"组合键，编组图层组并将其命名为"高分榜单"。

（23）使用上述的方法，分别新建参考线、输入文字、绘制形状并添加弥散投影、置入图片，效果如图 4-257 所示，在"图层"控制面板中生成新的图层组"今日特惠"和"猜你喜欢"，如图 4-258 所示。

（24）按住"Shift"键的同时单击"保障"图层组，将需要的图层组同时选择，按"Ctrl+G"组合键，编组图层并将其命名为"内容区"，如图 4-259 所示。

（25）选择"视图 > 新建参考线"命令，弹出"新建参考线"对话框，具体设置如图 4-260 所示。使用相同的方法再次新建两条水平参考线，具体设置如图 4-261 和图 4-262 所示。分别单击"确定"按钮，完成参考线的创建。

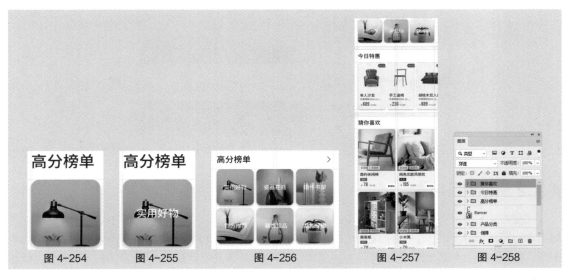

图 4-254　　　　　图 4-255　　　　　　图 4-256　　　　　　图 4-257　　　　　图 4-258

图 4-259　　　　　图 4-260　　　　　　图 4-261　　　　　　图 4-262

（26）选择"文件 > 置入嵌入对象"命令，弹出"置入嵌入的对象"对话框。选择云盘中的
"Ch04 > 制作家具类 App 首页 > 素材 > 33"文件，单击"置入"按钮，将图片置入图像窗口中，
再将其拖曳到适当的位置，按"Enter"键确认操作，在"图层"控制面板中生成新的图层并将其命
名为"导航栏"。使用相同的方法置入"34"文件，效果如图 4-263 所示，在"图层"控制面板中
生成新的图层并将其命名为"底部应用栏"。

（27）选择"矩形工具" ⬚，在属性栏中将"填充"设为中黑色（27,27,27），"描边"设为无颜色。
在图像窗口中适当的位置绘制矩形，在"图层"控制面板中生成新的形状图层"矩形 17"。在"属性"
面板中单击"蒙版"按钮，具体设置如图 4-264 所示。按"Enter"键确认操作，效果如图 4-265 所示。

图 4-263　　　　　　　　图 4-264　　　　　　　　图 4-265

（28）在"图层"控制面板中将"矩形 17"图层的"不透明度"设为 20%，并将其拖曳到"导航栏"
图层的下方，如图 4-266 所示，效果如图 4-267 所示。至此，家具类 App 首页制作完成。

141

图 4-266   图 4-267

4.4.2 底部应用栏

底部应用栏用于显示手机和平板电脑屏幕底部的导航标签和关键操作，使用底部应用栏可以引起用户对重要操作的注意。底部应用栏最多可包含 4 个图标按钮和一个悬浮操作按钮，如图 4-268 所示。底部应用栏的布局和内容可以在应用程序的不同屏幕上发生变化，同时在移动设备上应更加便于访问。

图 4-268

底部应用栏的宽度取决于移动设备的宽度，高度为 80dp，对齐方式为垂直居中对齐，顶部 / 底部内边距为 12dp，左内边距为 4dp，右内边距为 16dp，元素之间的距离为 0dp，如图 4-269 所示。

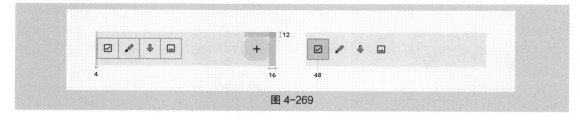

图 4-269

4.4.3 导航栏

导航栏曾被称为"底部导航栏"，允许用户在移动设备上切换视图，如图 4-270 所示。在紧凑的布局中，导航栏可以包含 3～5 个同等重要的导航，这些导航的设计风格应保持一致。每个导航都由一个图标和可选的文本标签表示。当点击导航图标时，用户将被带到与该图标关联的导航目的地，如图 4-271 所示。

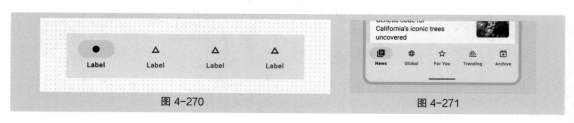

图 4-270   图 4-271

导航栏的宽度取决于移动设备的宽度，容器高度为 80dp，容器圆角半径为 0dp，图标大小为 24dp×24dp。活动指示器高度为 32dp，活动指示器宽度为 64dp，活动指示器圆角半径为 16dp。大角标尺寸为 16dp，大角标圆角半径为 8dp。小角标尺寸为 6dp，小角标圆角半径为 3dp。顶部内边距为 12dp，底部内边距为 16dp，活动指示器和标签文本之间的距离为 4dp，如图 4-272 所示。

其中，目标尺寸最小为 48dp（①），目标之间的距离为 8dp（②），如图 4-273 所示。

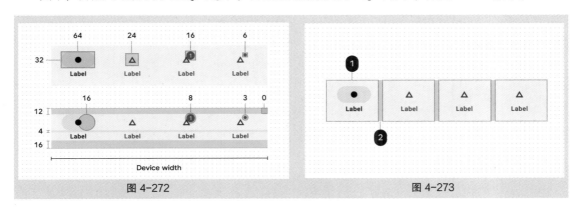

图 4-272　　　　　　　　　　　　　　　　图 4-273

4.4.4　抽屉式导航

抽屉式导航可让用户在移动设备上切换视图，可以提供对目的地和应用程序功能的访问，如切换账户。抽屉式导航可以永久显示在屏幕上，也可以通过导航菜单上的图标打开和关闭。建议将抽屉式导航用于具有 5 个或更多顶级导航的应用程序或具有 2 个或更多导航层次结构的应用程序，同时将最常用的导航放在顶部并将相关导航放置在一起。抽屉式导航通常细分为标准和模态两种类型，在扩展布局中使用标准抽屉式导航，在紧凑和中型布局中使用模态抽屉式导航，如图 4-274 所示。

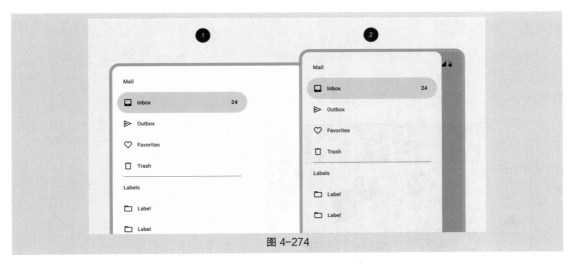

图 4-274

标准抽屉式导航和模态抽屉式导航的设计尺寸如图 4-275 和图 4-276 所示（图中尺寸单位为 dp）。

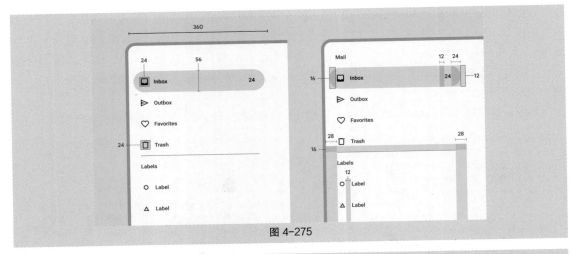

图 4-275

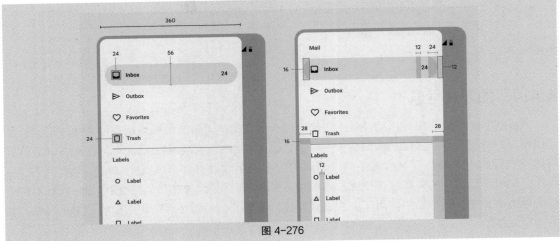

图 4-276

4.4.5 导航轨道

导航轨道让用户可以在不同设备的视图之间切换，建议在中等布局或扩展布局中使用导航轨道，如图 4-277 所示。导航轨道可包含 3 ~ 7 个导航以及可选的悬浮操作按钮。导航轨道始终将导航栏放在同一位置，即使在应用程序的不同屏幕上也是如此。

图 4-277

导航轨道的设计尺寸如图 4-278 所示（图中尺寸单位为 dp）。

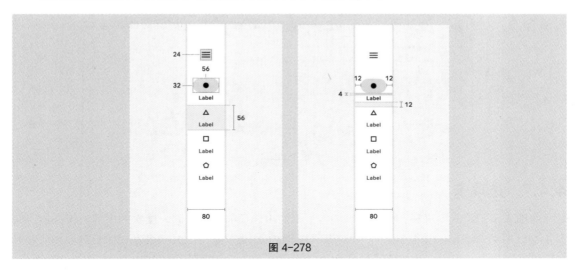

图 4-278

4.4.6　搜索

搜索是一种导航方法，允许用户输入关键字或短语以快速获取相关信息，用户在搜索栏或搜索视图中输入文本进行查询，然后查看相关结果，如图 4-279 所示。搜索栏可以包含前导的搜索图标和可选的尾随图标，在用户输入时搜索栏可以显示建议的关键字或短语，并始终在搜索视图中显示结果，如图 4-280 所示。

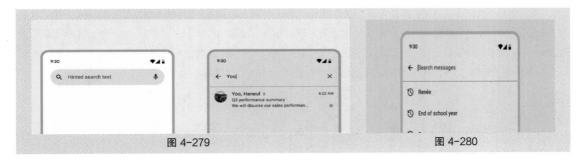

图 4-279　　　　　　　　　　　　　　　　图 4-280

搜索栏宽度最小为 360dp，最大为 720dp。图标尺寸为 24dp×24dp，头像尺寸为 30dp×30dp，如图 4-281 所示。充满屏幕的搜索视图宽度和高度取决于移动设备的宽度和高度，头部高度为 72dp。悬停的搜索视图宽度最小为 360dp，最大为 720dp，高度最小为 240dp，最大为屏幕高度的 2/3，头部高度为 56dp，如图 4-282 所示。

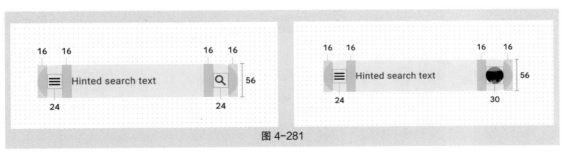

图 4-281

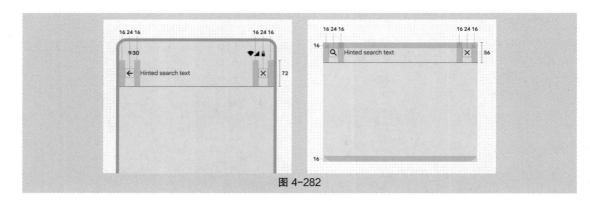

图 4-282

4.4.7　选项卡

选项卡用于跨不同屏幕和视图组织内容，可使用选项卡将处于同一层次的内容进行分组，如图 4-283 所示。设计时应将选项卡作为对等项并排放置，选项卡可以水平滚动，因此移动 UI 可以根据需要拥有任意数量的选项卡。选项卡通常可以细分为主选项卡和次选项卡两种类型，如图 4-284 所示。

图 4-283　　　　　　　　　　　　　　　　图 4-284

包含图标和标签文本的选项卡高度为 64dp，仅包含标签文本的选项卡高度为 48dp，图标大小为 24dp×24dp，分隔线高度为 1dp，主选项卡活动指示器高度为 3dp，次选项卡活动指示器高度为 2dp，活动指示器圆角半径分别为 3、3、0、0。图标和标签文本之间的距离为 8dp，标签文本和角标之间的距离为 4dp，图标和重叠角标之间的距离为 6dp，如图 4-285 所示。

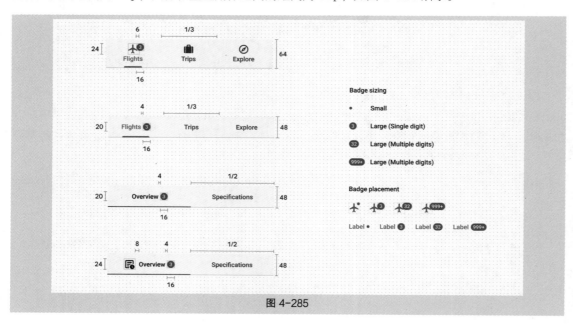

图 4-285

4.4.8　顶部应用栏

顶部应用栏提供与当前屏幕相关的内容和操作，有时还会对关键信息进行跨应用程序访问，如图 4-286 所示。顶部应用栏与移动设备窗口具有相同的宽度，在滚动时，顶部应用栏的颜色将与正文内容有所区别。顶部应用栏通常细分为中心对齐、小、中和大 4 种类型，如图 4-287 所示。

<table>
<tr><td>图 4-286</td><td>图 4-287</td></tr>
</table>

中心对齐顶部应用栏高度为 64dp、小顶部应用栏高度为 64dp、中顶部应用栏高度为 112dp、大顶部应用栏高度为 152dp，其他设计尺寸如图 4-288 ～图 4-291 所示。

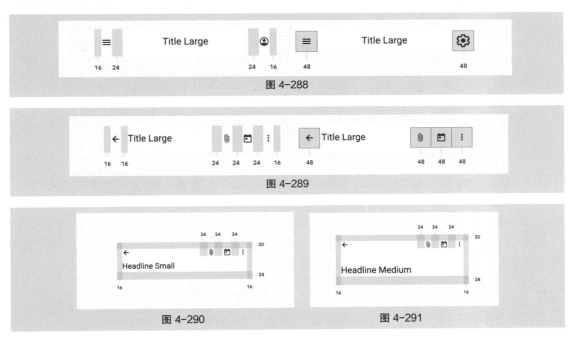

图 4-288

图 4-289

图 4-290　　　　　　　　图 4-291

4.5　选择组件

4.5.1　课堂案例——制作家具类 App 购物车页

【案例学习目标】学习使用"形状工具""文字工具""置入嵌入对象"命令和"创建剪贴蒙版"命令制作家具类 App 购物车页。

【案例知识要点】使用"矩形工具""椭圆工具"绘制形状，使用"置入嵌入对象"命令置入图片和图标，使用"创建剪贴蒙版"命令调整图片显示区域，使用"属性"面板制作弥散投影，使用"横排文字工具"输入文字，效果如图 4-292 所示。

【效果所在位置】云盘 >Ch04> 制作家具类 App 购物车页 > 工程文件 .psd。

图 4-292

（1）按"Ctrl+N"组合键，弹出"新建文档"对话框，将"宽度"设为 1080 像素，"高度"设为 3464 像素，"分辨率"设为 72 像素 / 英寸，"背景内容"设为浅灰色（245,245,245），如图 4-293 所示。单击"创建"按钮，完成文档新建。

（2）选择"视图 > 新建参考线版面"命令，弹出"新建参考线版面"对话框，具体设置如图 4-294 所示。单击"确定"按钮，完成参考线版面的创建。

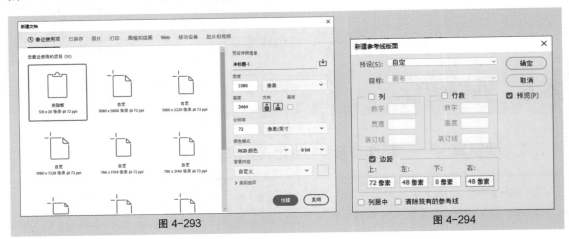

图 4-293   图 4-294

（3）选择"视图 > 新建参考线"命令，弹出"新建参考线"对话框，具体设置如图4-295所示。单击"确定"按钮，完成参考线的创建。

（4）选择"矩形工具" ，在属性栏中将"选择工具模式"设为"形状"，"填充"设为白色，"描边"设为无颜色。在图像窗口中适当的位置绘制矩形，如图4-296所示，在"图层"控制面板中生成新的形状图层"矩形1"。

（5）选择"文件 > 置入嵌入对象"命令，弹出"置入嵌入的对象"对话框。选择云盘中的"Ch04 > 制作家具类App购物车页 > 素材 > 01"文件，单击"置入"按钮，将图片置入图像窗口中，再将其拖曳到适当的位置，按"Enter"键确认操作，如图4-297所示，在"图层"控制面板中生成新的图层并将其命名为"状态栏"。

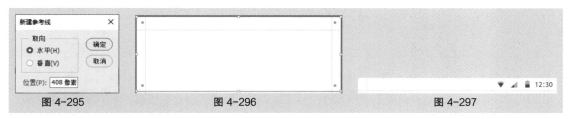

图 4-295　　　　　　　图 4-296　　　　　　　图 4-297

（6）选择"视图 > 新建参考线"命令，弹出"新建参考线"对话框，具体设置如图4-298所示。单击"确定"按钮，完成参考线的创建。

（7）选择"文件 > 置入嵌入对象"命令，弹出"置入嵌入的对象"对话框。选择云盘中的"Ch04 > 制作家具类App购物车页 > 素材 > 02"文件，单击"置入"按钮，将图标置入图像窗口中，再将其拖曳到适当的位置，按"Enter"键确认操作，如图4-299所示，在"图层"控制面板中生成新的图层并将其命名为"设置"。

图 4-298　　　　　　　　　　图 4-299

（8）选择"横排文字工具" ，在适当的位置输入需要的文字并选择文字。选择"窗口 > 字符"命令，弹出"字符"面板，将"颜色"设为深灰色（51,51,51），并设置合适的字体和字号，按"Enter"键确认操作，效果如图4-300所示，在"图层"控制面板中生成新的文字图层。按住"Shift"键的同时单击"矩形1"图层，将需要的图层同时选择，按"Ctrl+G"组合键，编组图层并将其命名为"顶部导航栏"，如图4-301所示。

图 4-300　　　　　　　　　　图 4-301

（9）选择"视图 > 新建参考线"命令，弹出"新建参考线"对话框，具体设置如图 4-302 所示。使用相同的方法再次新建一条水平参考线，具体设置如图 4-303 所示。分别单击"确定"按钮，完成参考线的创建。

（10）选择"矩形工具" ▭，在属性栏中，将"填充"设为白色，"描边"设为无颜色。在图像窗口中适当的位置绘制矩形，在"图层"控制面板中生成新的形状图层"矩形 2"，效果如图 4-304 所示。

图 4-302　　　　　　图 4-303　　　　　　图 4-304

（11）选择"文件 > 置入嵌入对象"命令，弹出"置入嵌入的对象"对话框。选择云盘中的"Ch04 > 制作家具类 App 购物车页 > 素材 > 03"文件，单击"置入"按钮，将图标置入图像窗口中，再将其拖曳到适当的位置，按"Enter"键确认操作，效果如图 4-305 所示，在"图层"控制面板中生成新的图层并将其命名为"确认"。

（12）选择"矩形工具" ▭，在属性栏中，将"填充"设为中灰色（238,238,238），"描边"设为无颜色。在图像窗口中适当的位置绘制矩形，在"图层"控制面板中生成新的形状图层"矩形 3"。

（13）选择"文件 > 置入嵌入对象"命令，弹出"置入嵌入的对象"对话框。选择云盘中的"Ch04 > 制作家具类 App 购物车页 > 素材 > 04"文件，单击"置入"按钮，将图片置入图像窗口中，再将其拖曳到适当的位置并调整大小，按"Enter"键确认操作，效果如图 4-306 所示，在"图层"控制面板中生成新的图层并将其命名为"沙发"。按"Alt+Ctrl+G"组合键，为"沙发"图层创建剪贴蒙版。

（14）选择"横排文字工具" T，在适当的位置输入需要的文字并选择文字。在"字符"面板中，将"颜色"设为深灰色（51,51,51），并设置合适的字体和字号，按"Enter"键确认操作，效果如图 4-307 所示，在"图层"控制面板中生成新的文字图层。

图 4-305　　　　　　图 4-306　　　　　　图 4-307

（15）使用相同的方法，分别绘制图形并输入文字，效果如图 4-308 所示，在"图层"控制面板中分别生成新的图层。按住"Shift"键的同时单击"矩形 2"图层，将需要的图层同时选择，按"Ctrl+G"组合键，编组图层并将其命名为"沙发"。使用上述的方法制作出图 4-309 所示的效果，在"图层"控制面板中分别生成新的图层组。

（16）选择"视图 > 新建参考线"命令，弹出"新建参考线"对话框，具体设置如图 4-310 所示。使用相同的方法再次新建一条水平参考线，具体设置如图 4-311 所示。分别单击"确定"按钮，完成参考线的创建。

图 4-308　　　　　　　　　　　　　　　　　　　图 4-309

（17）选择"矩形工具" ，在属性栏中将"填充"设为白色，"描边"设为无颜色。在图像窗口中适当的位置绘制矩形，在"图层"控制面板中生成新的形状图层"矩形 8"。

（18）选择"横排文字工具" **T**，在适当的位置输入需要的文字并选择文字。在"字符"面板中，将"颜色"设为深灰色（51, 51, 51），并设置合适的字体和字号，按"Enter"键确认操作，效果如图 4-312 所示，在"图层"控制面板中生成新的文字图层。

图 4-310　　　　　　图 4-311　　　　　　　　　　　图 4-312

（19）选择"视图 > 新建参考线"命令，弹出"新建参考线"对话框，具体设置如图 4-313 所示。使用相同的方法再次新建一条水平参考线，具体设置如图 4-314 所示。分别单击"确定"按钮，完成参考线的创建。

（20）选择"矩形工具" ，在属性栏中将"填充"设为白色，"描边"设为无颜色。在图像窗口中适当的位置绘制矩形，在"图层"控制面板中生成新的形状图层"矩形 9"。再次绘制一个矩形，在属性栏中将"填充"设为中灰色（238, 238, 238），效果如图 4-315 所示，在"图层"控制面板中生成新的形状图层"矩形 10"。使用上述的方法，分别置入图片并输入文字，效果如图 4-316 所示，在"图层"控制面板中分别生成新的图层。

图 4-313　　　　　　图 4-314　　　　　　图 4-315　　　　　　图 4-316

（21）按住"Shift"键的同时单击"矩形 9"图层，将需要的图层同时选择，按"Ctrl+G"组合键，编组图层并将其命名为"新主题单人沙发"。使用上述方法制作出图 4-317 所示的效果，在"图层"控制面板中分别生成新的图层组，如图 4-318 所示。

（22）按住"Shift"键的同时单击"矩形 8"图层，将需要的图层同时选择，按"Ctrl+G"组合键，编组图层并将其命名为"猜你喜欢"。

（23）选择"视图 > 新建参考线"命令，弹出"新建参考线"对话框，具体设置如图 4-319 所示。使用相同的方法再次新建一条水平参考线，具体设置如图 4-320 所示。分别单击"确定"按钮，完成参考线的创建。

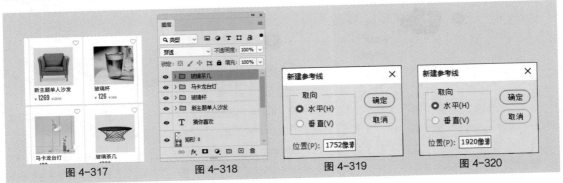

图 4-317　　　　图 4-318　　　　图 4-319　　　　图 4-320

（24）选择"矩形工具" ，在属性栏中将"填充"设为白色，"描边"设为无颜色。在图像窗口中适当的位置绘制矩形，效果如图 4-321 所示，在"图层"控制面板中生成新的形状图层"矩形 11"。再次绘制一个矩形，在"图层"控制面板中生成新的形状图层"矩形 12"，在属性栏中将"填充"设为淡灰色（193,193,193），效果如图 4-322 所示。

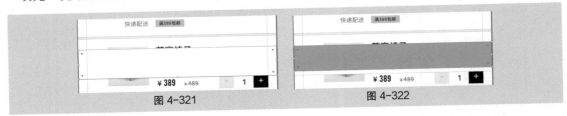

图 4-321　　　　　　　　　　图 4-322

（25）在"属性"面板中单击"蒙版"按钮，具体设置如图 4-323 所示，按"Enter"键确认操作。在"图层"控制面板中将"矩形 12"图层的"不透明度"设为 40%，并将其拖曳到"矩形 11"图层的下方，如图 4-324 所示，效果如图 4-325 所示。

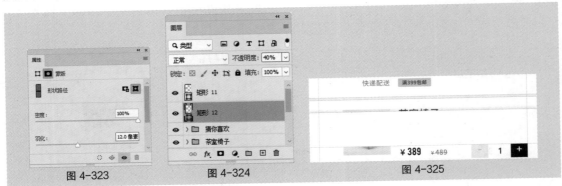

图 4-323　　　　　　图 4-324　　　　　　　图 4-325

（26）选中"矩形11"图层。选择"椭圆工具" ⬭，按住 Shift 键的同时，在图像窗口中适当的位置绘制图形。在属性栏中将"填充"设为无颜色，"描边"设为嫩灰色（210,210,210），"粗细"设为3像素，效果如图4-326所示，在"图层"控制面板中生成新的形状图层"椭圆2"。

（27）选择"横排文字工具" T，在适当的位置分别输入需要的文字并选择文字。在"字符"面板中，将"颜色"设为深灰色（51,51,51）、灰色（153,153,153）和白色，并分别设置合适的字体和字号，按"Enter"键确认操作，在"图层"控制面板中生成新的文字图层。使用上述的方法绘制矩形，效果如图4-327所示。按住"Shift"键的同时单击"矩形12"图层，将需要的图层同时选择，按"Ctrl+G"组合键，编组图层并将其命名为"结算"。

图 4-326　　　　　　　　　　图 4-327

（28）选择"视图 > 新建参考线"命令，弹出"新建参考线"对话框，具体设置如图4-328所示。使用相同的方法再次新建一条水平参考线，具体设置如图4-329所示。分别单击"确定"按钮，完成参考线的创建。

（29）选择"文件 > 置入嵌入对象"命令，弹出"置入嵌入的对象"对话框。选择云盘中的"Ch04 > 制作家具类 App 购物车页 > 素材 > 13"文件，单击"置入"按钮，将图片置入图像窗口中，再将其拖曳到适当的位置，按"Enter"键确认操作，在"图层"控制面板中生成新的图层并将其命名为"导航栏"。使用上述的方法制作弥散投影。

（30）使用相同的方法置入"14"文件，效果如图4-330所示，在"图层"控制面板中生成新的图层并将其命名为"底部应用栏"。至此，家具类 App 购物车页制作完成。

图 4-328　　　　　　图 4-329　　　　　　　　图 4-330

4.5.2　复选框

复选框允许用户从列表中选择一项或多项，如图4-331所示。设计时，视觉上相似的选项应放置在一起，标签应简洁易读，选定的项目比未选定的项目更突出，如图4-332所示。

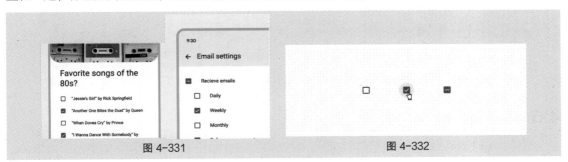

图 4-331　　　　　　　　　　　　　图 4-332

复选框宽度和高度为 18dp，容器圆角半径为 2dp。图标大小为 18dp，图标对齐方式为中心对齐，目标大小为 48dp，状态层大小为 40dp，如图 4-333 所示。

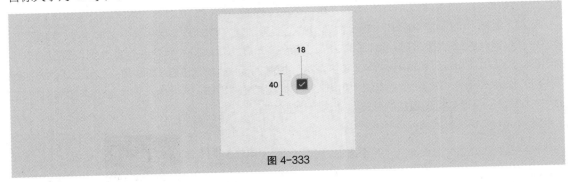

图 4-333

4.5.3 纸片

纸片可以令用户输入信息、做出选择、过滤内容或触发操作，帮助用户更快、更轻松地完成当前任务，如图 4-334 所示。纸片通常细分为辅助、过滤、输入和建议 4 种类型，如图 4-335 所示。

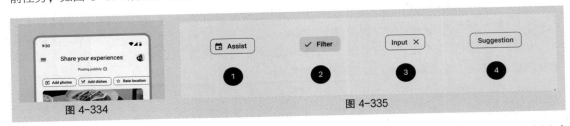

图 4-334　　　　　　　　　　　　　　　　　　　图 4-335

辅助纸片、过滤纸片、输入纸片和建议纸片的设计尺寸如图 4-336 ～图 4-339 所示（图中尺寸单位为 dp）。

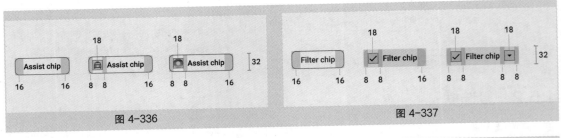

图 4-336　　　　　　　　　　　　　　　　　图 4-337

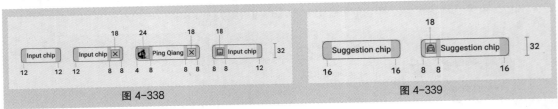

图 4-338　　　　　　　　　　　　　　　图 4-339

4.5.4 菜单

菜单在临时呈现的界面上显示选项列表，如顶部应用栏中的一组二级操作，如图 4-340 所示。

菜单允许用户从多个选项中进行选择，占用的空间较少。菜单在与元素（如图标、按钮或输入字段）交互或用户执行特定操作时被打开，菜单显示的项目应简洁易读。

菜单宽度最小为112dp，最大为280dp，圆角半径为4dp，垂直标签文本对齐方式为中心对齐，水平标签文本对齐方式为起始对齐，左 / 右内边距为12dp。列表项高度为48dp，列表项内元素之间的内边距为12dp，分隔线顶部 / 底部内边距为8dp，分隔线高度为1dp，分隔线宽度动态变化，前导 / 尾随图标大小为24dp×24dp，如图 4-341 所示。

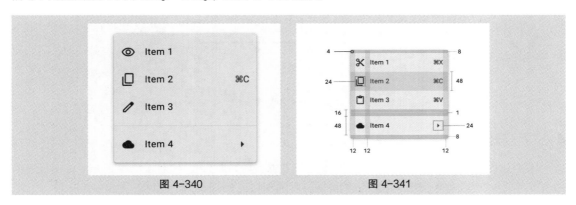

图 4-340　　　　　　　　　　　　　　　图 4-341

4.5.5　单选按钮

单选按钮允许用户从选项列表中进行单一选择，如图 4-342 所示。选定的项目应比未选定的项目更突出，标签应简洁易读，如图 4-343 所示。

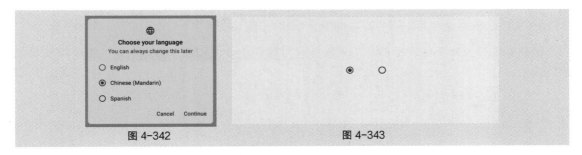

图 4-342　　　　　　　　　　　　　　　图 4-343

4.5.6　滑块

滑块允许用户沿轨迹查看和选择值或范围，适用于调整音量和亮度等，或应用图像滤镜，如图 4-344 所示。滑块应呈现可用的全部选择，可以使用图标或标签来表示数字或相对比例。滑块通常细分为连续和离散两种类型，如图 4-345 所示。

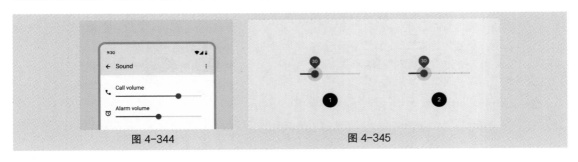

图 4-344　　　　　　　　　　　　　　　图 4-345

滑块轨道高度为 4dp，标签高度为 34dp，标签宽度为 28dp，手柄高度和宽度为 20dp，状态图层大小为 40dp×40dp，如图 4-346 所示。

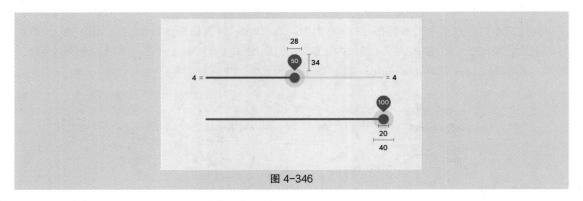

图 4-346

4.5.7　开关

开关可以打开或关闭项目，是让用户调整设置的最佳方式之一，如图 4-347 所示。如果列表中的项目可以独立控制，请使用开关，同时确保开关的不同状态一目了然，如图 4-348 所示。

图 4-347　　　　　　　　　　　　　　　　图 4-348

带图标的开关和不带图标的开关的设计尺寸如图 4-349 和图 4-350 所示（图中尺寸单位为 dp）。

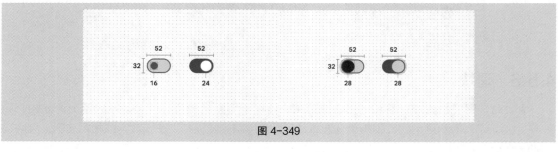

图 4-349

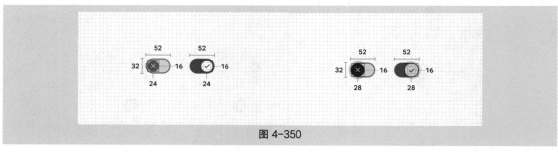

图 4-350

4.6 文本输入组件

4.6.1 课堂案例——制作家具类 App 注册页

【案例学习目标】学习使用"形状工具""文字工具""置入嵌入对象"命令制作家具类
App 注册页。

【案例知识要点】使用"矩形工具""椭圆工具""直线工具"绘制形状,使用"置
入嵌入对象"命令置入图片和图标,使用"横排文字工具"输入文字,效果如图 4-351
所示。

【效果所在位置】云盘 >Ch04> 制作家具类 App 注册页 > 工程文件 .psd。

图 4-351

(1)按"Ctrl+N"组合键,弹出"新建文档"对话框,将"宽度"设为 1080 像素,"高度"
设为 2400 像素,"分辨率"设为 72 像素 / 英寸,"背景内容"设为白色,如图 4-352 所示。单击"创
建"按钮,完成文档新建。

(2)选择"文件 > 置入嵌入对象"命令,弹出"置入嵌入的对象"对话框。选择云盘中的
"Ch04 > 制作家具类 App 注册页 > 素材 > 01"文件,单击"置入"按钮,将图片置入图像窗口中,
按"Enter"键确认操作,在"图层"控制面板中生成新的图层并将其命名为"背景图"。

(3)选择"视图 > 新建参考线版面"命令,弹出"新建参考线版面"对话框,具体设置如
图 4-353 所示。单击"确定"按钮,完成参考线版面的创建,效果如图 4-354 所示。

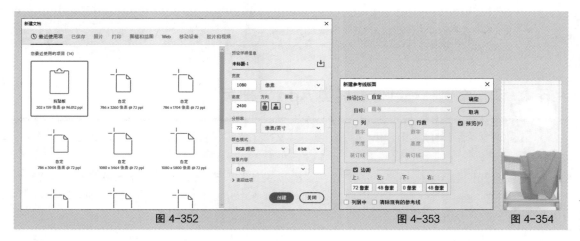

图 4-352 图 4-353 图 4-354

（4）选择"文件 > 置入嵌入对象"命令，弹出"置入嵌入的对象"对话框。选择云盘中的 "Ch04 > 制作家具类 App 注册页 > 素材 > 02"文件，单击"置入"按钮，将图片置入图像窗口中，再将其拖曳到适当的位置，按"Enter"键确认操作，如图 4-355 所示，在"图层"控制面板中生成新的图层并将其命名为"状态栏"。

（5）选择"视图 > 新建参考线"命令，弹出"新建参考线"对话框，具体设置如图 4-356 所示。单击"确定"按钮，完成参考线的创建。

图 4-355 图 4-356

（6）选择"文件 > 置入嵌入对象"命令，弹出"置入嵌入的对象"对话框。选择云盘中的 "Ch04 > 制作家具类 App 注册页 > 素材 > 03"文件，单击"置入"按钮，将图标置入图像窗口中，再将其拖曳到适当的位置，按"Enter"键确认操作，如图 4-357 所示，在"图层"控制面板中生成新的图层并将其命名为"关闭"。

（7）选择"视图 > 新建参考线"命令，弹出"新建参考线"对话框，具体设置如图 4-358 所示。单击"确定"按钮，完成参考线的创建。

（8）选择"横排文字工具" T，在适当的位置分别输入需要的文字并选择文字。选择"窗口 > 字符"命令，弹出"字符"面板，将"颜色"设为蓝灰色（34,34,38），并分别设置合适的字体和字号，按"Enter"键确认操作，效果如图 4-359 所示，在"图层"控制面板中分别生成新的文字图层。

图 4-357 图 4-358 图 4-359

（9）选择"直线工具" ，在属性栏中将"选择工具模式"设为"形状"，"填充"设为蓝灰色（34，34，38），"描边"设为无颜色，"H"设为2像素。按住"Shift"键的同时，在适当的位置绘制一条直线，如图4-360所示，在"图层"控制面板中生成新的形状图层"直线1"。按住"Shift"键的同时单击"电子邮箱"图层，将需要的图层同时选择，按"Ctrl+G"组合键，编组图层并将其命名为"电子邮箱"。使用相同的方法分别输入文字并绘制形状，效果如图4-361所示，在"图层"控制面板中分别生成新的图层和图层组，如图4-362所示。

| 图4-360 | 图4-361 | 图4-362 |

（10）选择"矩形工具" ▭，在属性栏中将"填充"设为蓝灰色（34，34，38），"描边"设为无颜色。在图像窗口中适当的位置绘制矩形，在"图层"控制面板中生成新的形状图层"矩形1"。在"属性"面板中进行设置，如图4-363所示，按"Enter"键确认操作。

（11）选择"横排文字工具" T，在适当的位置输入需要的文字并选择文字。在"字符"面板中，将"颜色"设为浅灰色（149，149，149），并设置合适的字体和字号，按"Enter"键确认操作，效果如图4-364所示，在"图层"控制面板中生成新的文字图层。

（12）选择"椭圆工具" ◯，在属性栏中将"填充"设为无颜色，"描边"设为蓝灰色（34，34，38），"粗细"设为2像素。按住"Shift"键的同时，在图像窗口中适当的位置绘制圆形，效果如图4-365所示，在"图层"控制面板中生成新的形状图层"椭圆1"。

| 图4-363 | 图4-364 | 图4-365 |

（13）使用相同的方法分别输入文字并绘制形状，效果如图4-366所示，在"图层"控制面板中分别生成新的图层。按住"Shift"键的同时单击"直线1拷贝4"图层，将需要的图层同时选择，按"Ctrl+G"组合键，编组图层并将其命名为"验证码"。

（14）选择"矩形工具" ▭，在属性栏中将"填充"设为蓝灰色（34，34，38），"描边"设为无颜色。在图像窗口中适当的位置绘制矩形，在"图层"控制面板中生成新的形状图层"矩形2"。在"属性"面板中进行设置，如图4-367所示，按"Enter"键确认操作。

（15）选择"横排文字工具" **T.**，在适当的位置输入需要的文字并选择文字。在"字符"面板中，将"颜色"设为重灰色（124,124,125），并设置合适的字体和字号，按"Enter"键确认操作，效果如图 4-368 所示，在"图层"控制面板中生成新的文字图层。

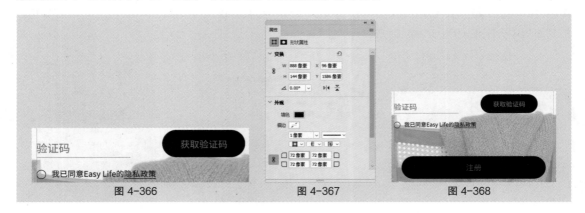

图 4-366　　　　　　　　　图 4-367　　　　　　　　　图 4-368

（16）按住"Shift"键的同时单击"矩形 2"图层，将需要的图层同时选择，按"Ctrl+G"组合键，编组图层并将其命名为"注册"，如图 4-369 所示。按住"Shift"键的同时单击"注册"图层，将需要的图层同时选择，按"Ctrl+G"组合键，编组图层并将其命名为"注册页"，如图 4-370 所示。使用相同的方法制作"登录页"，效果如图 4-371 所示，在"图层"控制面板中生成新的图层组。至此，家具类 App 注册页制作完成。

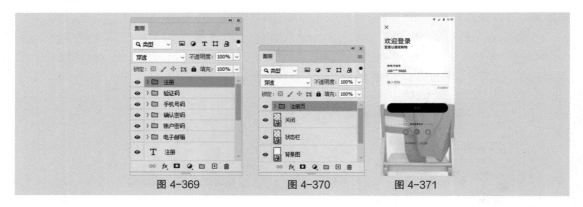

图 4-369　　　　　　　　　图 4-370　　　　　　　　　图 4-371

4.6.2　文本域

文本域允许用户在移动 UI 中输入文本，当用户需要填写联系信息或付款信息时，应使用文本域，如图 4-372 所示。文本域通常出现在表单和对话框中，并赋予交互感。文本域的空白、可输入、错误等不同状态应一目了然，其通常细分为填充和轮廓两种类型，如图 4-373 所示。

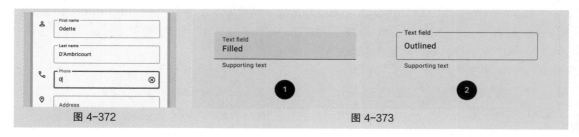

图 4-372　　　　　　　　　　　　　　　　图 4-373

填充文本域和轮廓文本域的设计尺寸如图 4-374 和图 4-375 所示（图中尺寸单位为 dp）。

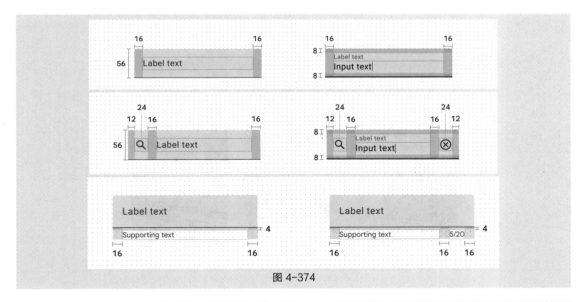

图 4-374

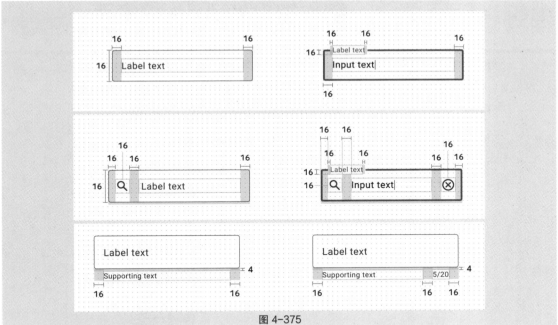

图 4-375

4.7 课堂练习——制作家具类 App 引导页

【练习知识要点】使用"矩形工具""椭圆工具"绘制形状，使用"置入嵌入对象"命令置入图片，使用"横排文字工具"输入文字，效果如图 4-376 所示。

【效果所在位置】云盘 >Ch04> 制作家具类 App 引导页 > 工程文件 .psd。

图 4-376

4.8 课后习题——制作家具类 App 搜索页

【习题知识要点】使用"矩形工具""直线工具"绘制形状，使用"置入嵌入对象"命令置入图片和图标，使用"横排文字工具"输入文字，效果如图 4-377 所示。

【效果所在位置】云盘 >Ch04> 制作家具类 App 搜索页 > 工程文件 .psd。

图 4-377

第 5 章
App 界面设计实战

微课
第 5 章简介

▶ 本章介绍

　　App 界面设计是提升 App 用户体验非常重要的一环。本章对 App 界面中的闪屏页、引导页、首页、个人中心页、详情页及登录页设计进行系统讲解。通过本章的学习，读者可以掌握 App 界面设计的基本方法，开始尝试绘制 App 界面。

学习引导

知识目标	能力目标
• 了解 App 闪屏页的设计形式	• 掌握 App 闪屏页的绘制方法
• 了解 App 引导页的设计形式	• 掌握 App 引导页的绘制方法
• 了解 App 首页的设计形式	• 掌握 App 首页的绘制方法
• 了解 App 个人中心页的设计形式	• 掌握 App 个人中心页的绘制方法
• 了解 App 详情页的设计形式	• 掌握 App 详情页的绘制方法
• 了解 App 登录页的设计形式	• 掌握 App 登录页的绘制方法

素养目标
• 培养学以致用的能力
• 培养举一反三的能力
• 培养全局意识

5.1 闪屏页

闪屏页又称"启动页"，是用户点击 App 图标后，首先展示的页面。闪屏页影响用户对 App 的第一印象，是情感化设计的关键，可以细分为品牌推广型、活动广告型、节日关怀型，下面分别进行介绍。

5.1.1 品牌推广型

品牌推广型闪屏页是为表现产品品牌而设定的，基本采用"产品 Logo+ 产品名称 + 产品"的简洁化设计形式。图 5-1 所示为品牌推广型闪屏页范例。

图 5-1

5.1.2 活动广告型

活动广告型闪屏页是为推广活动或广告而设定的，通常将推广的内容直接设计在闪屏页内，多采用插画以及暖色调的设计形式和风格，以营造热闹的氛围。图 5-2 和图 5-3 所示为活动广告型闪屏页范例。

图 5-2

图 5-3

5.1.3 节日关怀型

　　节日关怀型闪屏页是为在营造节假日氛围的同时凸显产品品牌而设定的，多采用"产品 Logo+内容插画"的设计形式，其目的是使用户感受到节日的关怀与祝福。图 5-4 和图 5-5 所示为节日关怀型闪屏页范例。

图 5-4

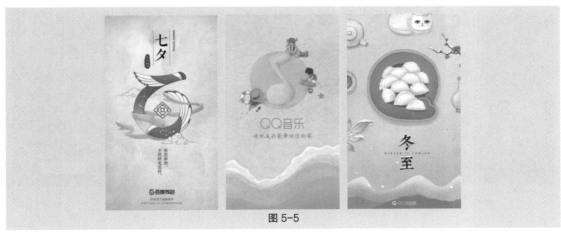

图 5-5

5.2 引导页

引导页是用户第一次使用 App 时或更新 App 后会看到的一组页面，通常由 3 ～ 5 页组成。引导页用于帮助用户在使用 App 之前快速了解 App 的主要功能和特点。引导页可以细分为功能说明型和产品推广型，下面分别进行介绍。

5.2.1　功能说明型

功能说明型引导页是非常基础的引导页，主要对产品的新功能进行展示，常用于 App 的重大版本更新中，多采用插图的设计形式，以达到短时间内吸引用户的效果。图 5-6 所示为功能说明型引导页范例。

图 5-6

5.2.2　产品推广型

产品推广型引导页能够表达 App 的价值，让用户更了解 App 的情怀，多采用与企业形象和产品风格一致的设计形式，为用户呈现精美的画面。图 5-7 所示为产品推广型引导页范例。

图 5-7

5.3 | 首页

首页又称"起始页"，是用户进入 App 后展示的页面。首页承担着流量分发的作用，是展现产品气质的关键页面，可以细分为列表型、网格型、卡片型、综合型，下面进行介绍。

5.3.1 列表型

列表型首页在页面上将同级别的模块进行分类展示，常用于表现数据、文字等内容。图 5-8 所示为列表型首页范例。

图 5-8

5.3.2 网格型

网格型首页在页面上将重要的功能以矩形模块的形式进行展示，常用于展示工具等内容。图 5-9 所示为网格型首页范例。

图 5-9

5.3.3 卡片型

卡片型首页在页面上将图片、文字、控件等放置于同一张卡片中，再将卡片进行分类展示，常用于表现数据、文字、工具等内容。图 5-10 所示为卡片型首页范例。

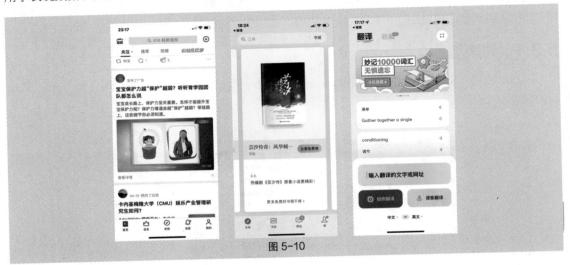

图 5-10

5.3.4 综合型

综合型首页运用范围较广，常用于电商类 App、教育类 App、旅游类 App 等，其采用丰富的设计形式，以满足用户的各种需求。图 5-11 所示为综合型首页范例。

图 5-11

5.4 个人中心页

个人中心页是展示用户个人信息的页面，主要由用户头像和用户信息等内容组成。图 5-12 所示为个人中心页范例。

图 5-12

5.5 详情页

　　详情页是展示产品或服务详细信息的页面。详情页的内容较丰富，以图文信息为主。图 5-13 所示为详情页范例。

图 5-13

5.6 登录页

　　登录页是电商类 App、社交类 App 等的必要页面，具有进入产品、深度关联的作用。登录页设计直观、简洁，并且提供第三方账号登录方式，国内常见的第三方账号有微博、微信、QQ 等。图 5-14 所示为登录页范例。

图 5-14

5.7 课堂案例——制作"三餐"美食 App

【案例学习目标】学习使用"形状工具""文字工具""置入嵌入对象"命令、"创建剪贴蒙版"命令和"添加图层样式"按钮制作"三餐"美食 App 界面。

【案例知识要点】使用"矩形工具""椭圆工具""直线工具"绘制形状，使用"置入嵌入对象"命令置入图片和图标，使用"创建剪贴蒙版"命令调整图片显示区域，使用"描边""投影""渐变叠加"命令添加效果，使用"属性"面板制作弥散投影，使用"横排文字工具"输入文字，效果如图 5-15 所示。

【效果所在位置】云盘 >Ch05> 制作"三餐"美食 App。

图 5-15

图 5-15（续）

1. 制作"三餐"美食 App 闪屏页

（1）按"Ctrl+N"组合键，弹出"新建文档"对话框，将"宽度"设为 786 像素，"高度"设为 1704 像素，"分辨率"设为 72 像素 / 英寸，"背景内容"设为白色，如图 5-16 所示。单击"创建"按钮，完成文档新建。

图 5-16

（2）选择"文件 > 置入嵌入对象"命令，弹出"置入嵌入的对象"对话框。选择云盘中的"Ch05 > 制作'三餐'美食 App > 制作'三餐'美食 App 闪屏页 > 素材 > 01"文件，单击"置入"按钮，将图片置入图像窗口中，按"Enter"键确认操作，在"图层"控制面板中生成新的图层并将其命名为"背景图"。

（3）选择"视图 > 新建参考线版面"命令，弹出"新建参考线版面"对话框，具体设置如图 5-17 所示。单击"确定"按钮，完成参考线版面的创建，效果如图 5-18 所示。

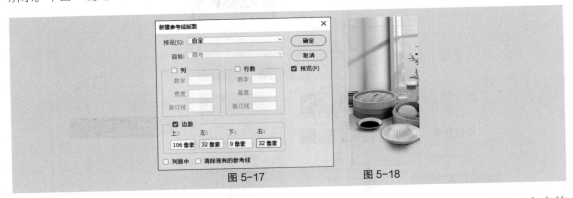

图 5-17　　　　　　图 5-18

（4）选择"文件 > 置入嵌入对象"命令，弹出"置入嵌入的对象"对话框。选择云盘中的 "Ch05 > 制作'三餐'美食 App > 制作'三餐'美食 App 闪屏页 > 素材 > 02"文件，单击"置入" 按钮，将图片置入图像窗口中，再将其拖曳到适当的位置，按"Enter"键确认操作，效果如图 5-19 所示，在"图层"控制面板中生成新的图层并将其命名为"状态栏"。

（5）选择"矩形工具" 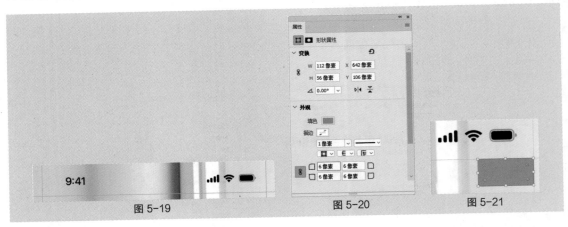，在属性栏中将"选择工具模式"设为"形状"，"填充"设为棕灰 色（179,176,169），"描边"设为无颜色。在图像窗口中适当的位置绘制矩形，在"图层"控制面 板中生成新的形状图层"矩形 1"。选择"窗口 > 属性"命令，弹出"属性"面板，在该面板中进 行设置，如图 5-20 所示。按"Enter"键确认操作，效果如图 5-21 所示。

图 5-19　　　　　　图 5-20　　　　　　图 5-21

（6）选择"横排文字工具" T.，在适当的位置分别输入需要的文字并选择文字。选择"窗口 > 字符"命令，弹出"字符"面板，将"颜色"分别设为白色和灰色（207,207,202），并设置合适 的字体和字号，按"Enter"键确认操作，效果如图 5-22 所示，在"图层"控制面板中分别生成新 的文字图层。按住"Shift"键的同时单击"矩形 1"图层，将需要的图层同时选择，按"Ctrl+G" 组合键，编组图层并将其命名为"跳过"，如图 5-23 所示。

（7）再次输入文字，在"字符"面板中，将"颜色"设为浅棕色（106,72,48），并设置合适 的字体和字号，按"Enter"键确认操作，效果如图 5-24 所示，在"图层"控制面板中生成新的文 字图层。

图 5-22　　　　　　　图 5-23　　　　　　　　　　　图 5-24

（8）单击"图层"控制面板下方的"添加图层样式"按钮 _fx_，在弹出的菜单中选择"描边"命令，弹出"图层样式"对话框，设置描边颜色为白色，其他选项的设置如图 5-25 所示。单击"确定"按钮，效果如图 5-26 所示。

（9）使用相同的方法分别输入其他文字，并设置合适的字体、字号和颜色，按"Enter"键确认操作，效果如图 5-27 所示，在"图层"控制面板中分别生成新的文字图层。

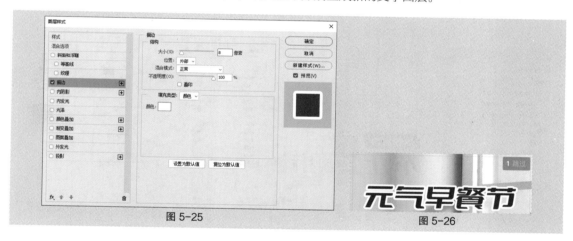

图 5-25　　　　　　　　　　　　　　　　　　　　　　图 5-26

（10）选择"矩形工具" □，在属性栏中将"填充"设为浅棕色（106，72，48），"描边"设为无颜色。在图像窗口中适当的位置绘制矩形，在"图层"控制面板中生成新的形状图层"矩形 2"。在"属性"面板中进行设置，如图 5-28 所示。按"Enter"键确认操作，效果如图 5-29 所示。

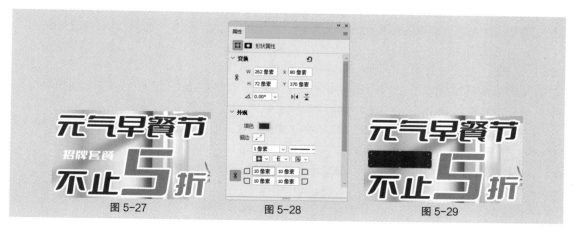

图 5-27　　　　　　　　　图 5-28　　　　　　　　　图 5-29

（11）选择"直接选择工具" ，框选需要的锚点，如图 5-30 所示。按住"Shift"键的同时，水平向右拖曳锚点到适当的位置，如图 5-31 所示，按"Enter"键确认操作。在"图层"控制面板中将"矩形 2"拖曳到"招牌套餐"文字图层的下方，效果如图 5-32 所示。

| 图 5-30 | 图 5-31 | 图 5-32 |

（12）选中"不止 5 折"文字图层。选择"矩形工具" □，在属性栏中将"填充"设为白色，"描边"设为无颜色。在图像窗口中适当的位置绘制矩形，在"图层"控制面板中生成新的形状图层"矩形 3"。在"属性"面板中进行设置，如图 5-33 所示。按"Enter"键确认操作，效果如图 5-34 所示。

（13）单击"图层"控制面板下方的"添加图层样式"按钮 fx，在弹出的菜单中选择"投影"命令，弹出"图层样式"对话框，设置投影颜色为暖棕色（97,59,26），其他选项的设置如图 5-35 所示，单击"确定"按钮。

| 图 5-33 | 图 5-34 | 图 5-35 |

（14）选择"横排文字工具" T，在适当的位置输入需要的文字并选择文字，在"字符"面板中，将"颜色"设为浅棕色（106,72,48），并设置合适的字体和字号，按"Enter"键确认操作，效果如图 5-36 所示，在"图层"控制面板中分别生成新的文字图层。按住"Shift"键的同时单击"元气早餐节"图层，将需要的图层同时选择，按"Ctrl+G"组合键，编组图层并将其命名为"折扣"。

（15）选择"钢笔工具" ⌀，在属性栏中将"填充"设为橘黄色（255,129,42），"描边"设为无颜色，在适当的位置绘制形状，效果如图 5-37 所示，在"图层"控制面板中生成新的形状图层"形状 1"。

（16）选择"文件 > 置入嵌入对象"命令，弹出"置入嵌入的对象"对话框。选择云盘中的"Ch05 > 制作'三餐'美食 App > 制作'三餐'美食 App 闪屏页 > 素材 > 03"文件，单击"置入"按钮，将图片置入图像窗口中，再将其拖曳到适当的位置，按"Enter"键确认操作，效果如图 5-38 所示，在"图层"控制面板中生成新的图层并将其命名为"logo"。

（17）选择"文件 > 置入嵌入对象"命令，弹出"置入嵌入的对象"对话框。选择云盘中的"Ch05 > 制作'三餐'美食 App > 制作'三餐'美食 App 闪屏页 > 素材 > 04"文件，单击"置入"按钮，将图片置入图像窗口中，再将其拖曳到适当的位置，按"Enter"键确认操作，在"图层"控制面板中生成新的图层并将其命名为"Home Indicator"。将"Home Indicator"图层的"不透明度"设为 70%，效果如图 5-39 所示。至此，"三餐"美食 App 闪屏页制作完成。

图 5-36　　　　　　图 5-37　　　　　　图 5-38　　　　　　图 5-39

2. 制作"三餐"美食 App 引导页

（1）按"Ctrl+N"组合键，弹出"新建文档"对话框，将"宽度"设为 786 像素，"高度"设为 1704 像素，"分辨率"设为 72 像素 / 英寸，"背景内容"设为白色，如图 5-40 所示。单击"创建"按钮，完成文档新建。

（2）选择"视图 > 新建参考线版面"命令，弹出"新建参考线版面"对话框，具体设置如图 5-41 所示。单击"确定"按钮，完成参考线版面的创建。

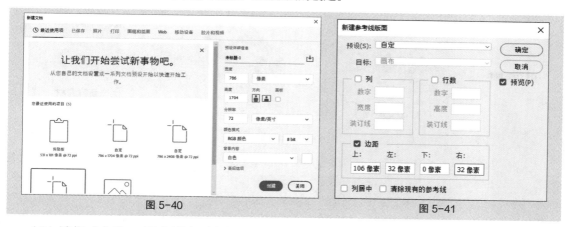

图 5-40　　　　　　　　　　　　　　　　　　　　图 5-41

（3）选择"文件 > 置入嵌入对象"命令，弹出"置入嵌入的对象"对话框。选择云盘中的"Ch05 > 制作'三餐'美食 App > 制作'三餐'美食 App 引导页 > 素材 > 01"文件，单击"置入"按钮，将图片置入图像窗口中，再将其拖曳到适当的位置，按"Enter"键确认操作，效果如图 5-42 所示，在"图层"控制面板中生成新的图层并将其命名为"状态栏"。

（4）选择"视图 > 新建参考线"命令，弹出"新建参考线"对话框，具体设置如图 5-43 所示。单击"确定"按钮，完成参考线的创建。

（5）选择"横排文字工具" T，在适当的位置输入需要的文字并选择文字。选择"窗口 > 字符"命令，弹出"字符"面板，将"颜色"设为橘黄色（255,153,51），并设置合适的字体和字号，按"Enter"键确认操作，效果如图 5-44 所示，在"图层"控制面板中生成新的文字图层。

图 5-42　　　　　　　　　　　图 5-43　　　　　　图 5-44

（6）选择"文件 > 置入嵌入对象"命令，弹出"置入嵌入的对象"对话框。选择云盘中的"Ch05 > 制作'三餐'美食 App > 制作'三餐'美食 App 引导页 > 素材 > 02"文件，单击"置入"按钮，将图标置入图像窗口中，再将其拖曳到适当的位置，按"Enter"键确认操作，效果如图 5-45 所示，在"图层"控制面板中生成新的图层并将其命名为"箭头"。

（7）按住"Shift"键的同时，单击"跳过"图层，将需要的图层同时选择，按"Ctrl+G"组合键，编组图层并将其命名为"跳过"，如图 5-46 所示。

（8）选择"文件 > 置入嵌入对象"命令，弹出"置入嵌入的对象"对话框。选择云盘中的"Ch05 > 制作'三餐'美食 App > 制作'三餐'美食 App 引导页 > 素材 > 03"文件，单击"置入"按钮，将图片置入图像窗口中，再将其拖曳到适当的位置，按"Enter"键确认操作，效果如图 5-47 所示，在"图层"控制面板中生成新的图层并将其命名为"食材"。

（9）选择"横排文字工具" T，在适当的位置分别输入需要的文字并选择文字。在"字符"面板中，将"颜色"设为深灰色（51,51,51），并分别设置合适的字体和字号，按"Enter"键确认操作，效果如图 5-48 所示，在"图层"控制面板中分别生成新的文字图层。

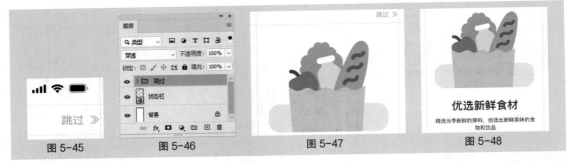

图 5-45　　　　　　　图 5-46　　　　　　　　　图 5-47　　　　　　　　图 5-48

（10）选择"矩形工具" □，在属性栏中将"选择工具模式"设为"形状"，"填充"设为橘黄色（255,129,42），"描边"设为无颜色。在图像窗口中适当的位置绘制矩形，在"图层"控制面板中生成新的形状图层"矩形 1"。选择"窗口 > 属性"命令，弹出"属性"面板，在该面板中进行设置，如图 5-49 所示。按"Enter"键确认操作，效果如图 5-50 所示。

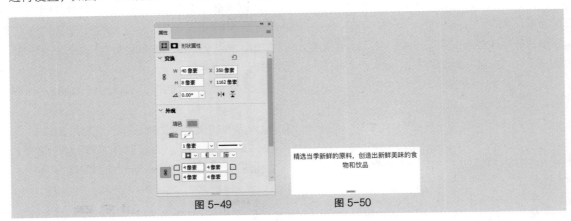

图 5-49　　　　　　　　　　图 5-50

（11）使用相同的方法再次绘制一个矩形，在"图层"控制面板中生成新的形状图层"矩形 2"。在属性栏中将"填充"设为中灰色（238,238,238），在"属性"面板中进行设置，如图 5-51 所示。按"Enter"键确认操作。按"Ctrl+J"组合键，复制图层，在"图层"控制面板中生成新的形状图层"矩形2拷贝"。选择"移动工具" 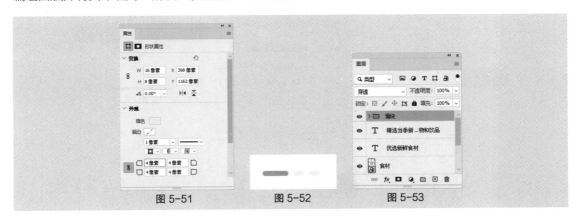，将形状水平向右拖曳到适当的位置，效果如图5-52所示。按住"Shift"键的同时，单击"矩形1"图层，将需要的图层同时选择，按"Ctrl+G"组合键，编组图层并将其命名为"滑块"，如图5-53所示。

图 5-51 　　　　　　　图 5-52 　　　　　　　图 5-53

（12）选择"矩形工具" ，在属性栏中将"填充"设为橘黄色（255,129,42），"描边"设为无颜色。在图像窗口中适当的位置绘制矩形，在"图层"控制面板中生成新的形状图层"矩形3"。在"属性"面板中进行设置，如图5-54所示。按"Enter"键确认操作，效果如图5-55所示。

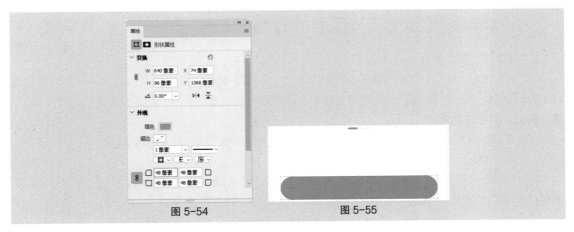

图 5-54 　　　　　　　　　　图 5-55

（13）选择"横排文字工具" ，在适当的位置输入需要的文字并选择文字，在"字符"面板中，将"颜色"设为白色，并设置合适的字体和字号，按"Enter"键确认操作，效果如图5-56所示，在"图层"控制面板中生成新的文字图层。按住"Shift"键的同时，单击"矩形3"图层，将需要的图层同时选择，按"Ctrl+G"组合键，编组图层并将其命名为"开始按钮"，如图5-57所示。

（14）选择"文件 > 置入嵌入对象"命令，弹出"置入嵌入的对象"对话框。选择云盘中的"Ch05 > 制作'三餐'美食 App > 制作'三餐'美食 App 引导页 > 素材 > 04"文件，单击"置入"按钮，将图片置入图像窗口中，再将其拖曳到适当的位置，按"Enter"键确认操作，效果如图5-58所示，在"图层"控制面板中生成新的图层并将其命名为"Home Indicator"。至此，"三餐"美食 App 引导页 1 制作完成，将文件保存。

（15）使用上述的方法制作引导页 2 和引导页 3，效果如图5-59和图5-60所示。至此，"三餐"美食 App 引导页制作完成。

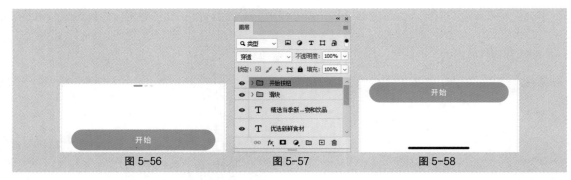

图 5-56   图 5-57   图 5-58

图 5-59   图 5-60

3．制作"三餐"美食 App 登录页

（1）按"Ctrl+N"组合键，弹出"新建文档"对话框，将"宽度"设为 786 像素，"高度"设为 1704 像素，"分辨率"设为 72 像素 / 英寸，"背景内容"设为白色，如图 5-61 所示。单击"创建"按钮，完成文档新建。

（2）选择"视图 > 新建参考线版面"命令，弹出"新建参考线版面"对话框，具体设置如图 5-62 所示。单击"确定"按钮，完成参考线的创建。

（3）选择"文件 > 置入嵌入对象"命令，弹出"置入嵌入的对象"对话框。选择云盘中的"Ch05 > 制作'三餐'美食 App > 制作'三餐'美食 App 登录页 > 素材 > 01"文件，单击"置入"按钮，将图片置入图像窗口中，再将其拖曳到适当的位置，按"Enter"键确认操作，效果如图 5-63 所示，在"图层"控制面板中生成新的图层并将其命名为"状态栏"。

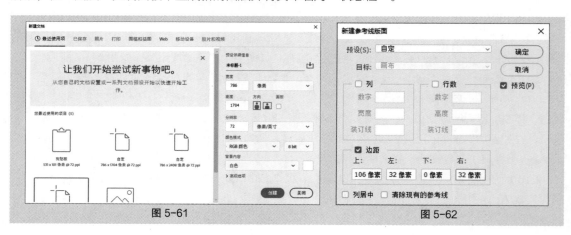

图 5-61   图 5-62

（4）选择"视图 > 新建参考线"命令，弹出"新建参考线"对话框，具体设置如图5-64所示。单击"确定"按钮，完成参考线的创建。

（5）选择"文件 > 置入嵌入对象"命令，弹出"置入嵌入的对象"对话框。选择云盘中的"Ch05 > 制作'三餐'美食App > 制作'三餐'美食App登录页 > 素材 > 02"文件，单击"置入"按钮，将图标置入图像窗口中，再将其拖曳到适当的位置并调整大小，按"Enter"键确认操作，效果如图5-65所示，在"图层"控制面板中生成新的图层并将其命名为"关闭"。

| 图5-63 | 图5-64 | 图5-65 |

（6）选择"横排文字工具" T.，在适当的位置分别输入需要的文字并选择文字。选择"窗口 > 字符"命令，弹出"字符"面板，将"颜色"分别设为藏蓝色（23,43,77）和蓝灰色（122,134,154），并设置合适的字体和字号，按"Enter"键确认操作，效果如图5-66所示，在"图层"控制面板中分别生成新的文字图层。

（7）选择"矩形工具" □.，在属性栏中将"选择工具模式"设为"形状"，"填充"设为橘黄色（255,129,42），"描边"设为无颜色。在图像窗口中适当的位置绘制矩形，在"图层"控制面板中生成新的形状图层"矩形1"。选择"窗口 > 属性"命令，弹出"属性"面板，在该面板中进行设置，如图5-67所示。按"Enter"键确认操作，效果如图5-68所示。

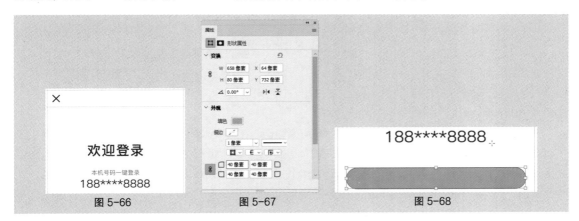

| 图5-66 | 图5-67 | 图5-68 |

（8）选择"横排文字工具" T.，在适当的位置输入需要的文字并选择文字。在"字符"面板中，将"颜色"设为白色，并设置合适的字体和字号，按"Enter"键确认操作，效果如图5-69所示，在"图层"控制面板中生成新的文字图层。

（9）选择"矩形工具" □.，在属性栏中将"填充"设为白色，"描边"设为灰色（153,153,153），"粗细"设为1像素。在图像窗口中适当的位置绘制矩形，在"图层"控制面板中生成新的形状图层"矩形2"。在"属性"面板中进行设置，按"Enter"键确认操作。

（10）选择"横排文字工具" T.，在适当的位置输入需要的文字并选择文字。在"字符"面板中，将"颜色"设为淡蓝色（166,174,188），并设置合适的字体和字号，按"Enter"键确认操作，效果如图5-70所示，在"图层"控制面板中生成新的文字图层。

图 5-69   图 5-70

（11）选择"椭圆工具" ⬭ ，在属性栏中将"填充"设为无颜色，"描边"设为中灰色（169，169，169），"描边"设为 1 像素。按住 Shift 键的同时，在图像窗口中适当的位置绘制圆形，在"图层"控制面板中生成新的形状图层"椭圆 1"。使用上述的方法输入文字并设置合适的字体和字号，按"Enter"键确认操作，效果如图 5-71 所示，在"图层"控制面板中生成新的文字图层。

（12）选择"文件 > 置入嵌入对象"命令，弹出"置入嵌入的对象"对话框。选择云盘中的"Ch05 > 制作'三餐'美食 App > 制作'三餐'美食 App 登录页 > 素材 > 03"文件，单击"置入"按钮，将图标置入图像窗口中，再将其拖曳到适当的位置并调整大小，按"Enter"键确认操作，效果如图 5-72 所示，在"图层"控制面板中生成新的图层并将其命名为"QQ"。使用相同的方法分别置入"04"和"05"素材，效果如图 5-73 所示，在"图层"控制面板中分别生成新的图层并将其命名为"微信"和"微博"。

图 5-71   图 5-72   图 5-73

（13）按住"Shift"键的同时单击"其他登录方式"文字图层，将需要的图层同时选择，按"Ctrl+G"组合键，编组图层并将其命名为"其他登录方式"，如图 5-74 所示。按住"Shift"键的同时，单击"欢迎登录"图层，将需要的图层同时选择，按"Ctrl+G"组合键，编组图层并将其命名为"内容区"，如图 5-75 所示。

（14）选择"文件 > 置入嵌入对象"命令，弹出"置入嵌入的对象"对话框。选择云盘中的"Ch05 > 制作'三餐'美食 App > 制作'三餐'美食 App 登录页 > 素材 > 06"文件，单击"置入"按钮，将图片置入图像窗口中，再将其拖曳到适当的位置，按"Enter"键确认操作，效果如图 5-76 所示，在"图层"控制面板中生成新的图层并将其命名为"Home Indicator"。至此，"三餐"美食 App 登录页制作完成。

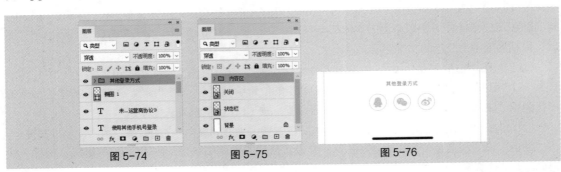

图 5-74   图 5-75   图 5-76

4. 制作"三餐"美食 App 首页

（1）按"Ctrl+N"组合键，弹出"新建文档"对话框，将"宽度"设为 786 像素，"高度"设为 3064 像素，"分辨率"设为 72 像素 / 英寸，"背景内容"设为淡灰色（244,244,244），如图 5-77 所示。单击"创建"按钮，完成文档新建。

（2）选择"视图 > 新建参考线版面"命令，弹出"新建参考线版面"对话框，具体设置如图 5-78 所示。单击"确定"按钮，完成参考线版面的创建。

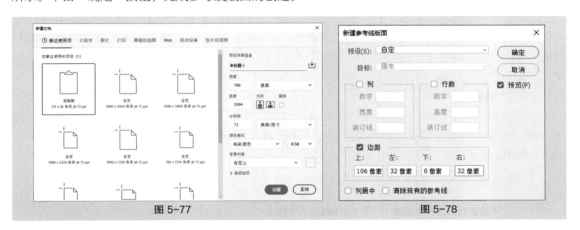

图 5-77　　　　　　　　　　　　　　　　　　图 5-78

（3）选择"矩形工具" □，在属性栏中将"选择工具模式"设为"形状"，"填充"设为白色，"描边"设为无颜色。在图像窗口中适当的位置绘制矩形，如图 5-79 所示，在"图层"控制面板中生成新的形状图层"矩形 1"。

（4）选择"文件 > 置入嵌入对象"命令，弹出"置入嵌入的对象"对话框。选择云盘中的"Ch05 > 制作'三餐'美食 App > 制作'三餐'美食 App 首页 > 素材 > 01"文件，单击"置入"按钮，将图片置入图像窗口中，再将其拖曳到适当的位置，按"Enter"键确认操作，效果如图 5-80 所示，在"图层"控制面板中生成新的图层并将其命名为"状态栏"。按住"Shift"键的同时单击"矩形 1"图层，将需要的图层同时选择，按"Ctrl+G"组合键，编组图层并将其命名为"状态栏"。

图 5-79　　　　　　　　　　　　　　　　　　图 5-80

（5）选择"视图 > 新建参考线"命令，弹出"新建参考线"对话框，具体设置如图 5-81 所示。单击"确定"按钮，完成参考线的创建。

（6）选择"矩形工具" □，在属性栏中将"填充"设为白色，"描边"设为无颜色。在图像窗口中适当的位置绘制矩形，如图 5-82 所示，在"图层"控制面板中生成新的形状图层"矩形 2"。

（7）选择"文件 > 置入嵌入对象"命令，弹出"置入嵌入的对象"对话框。选择云盘中的"Ch05 > 制作'三餐'美食 App > 制作'三餐'美食 App 首页 > 素材 > 02"文件，单击"置入"按钮，将图标置入图像窗口中，再将其拖曳到适当的位置并调整大小，按"Enter"键确认操作，效果如图 5-83 所示，在"图层"控制面板中生成新的图层并将其命名为"定位"。

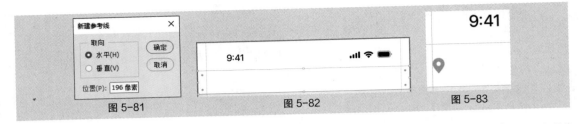

图 5-81　　　　　　　　　　　　　　图 5-82　　　　　　　　　　　　　　图 5-83

（8）选择"横排文字工具" $\boxed{\text{T}}$ ，在适当的位置输入需要的文字并选择文字，选择"窗口 > 字符"命令，弹出"字符"面板，将"颜色"设为深灰色（51,51,51），并设置合适的字体和字号，按"Enter"键确认操作，效果如图 5-84 所示，在"图层"控制面板中生成新的文字图层。使用上述的方法分别置入"03""04""05"素材，效果如图 5-85 所示，在"图层"控制面板中分别生成新的图层并将其命名为"展开""扫码""信息"。

（9）选择"椭圆工具" $\boxed{\bigcirc}$ ，在属性栏中将"填充"设为红色（242,19,0），"描边"设为无颜色。按住"Shift"键的同时，在图像窗口中适当的位置绘制圆形，效果如图 5-86 所示，在"图层"控制面板中生成新的形状图层"椭圆 1"。

图 5-84　　　　　　　　　　　　　　图 5-85　　　　　　　　　　　　　　图 5-86

（10）按住"Shift"键的同时，单击"矩形 2"图层，将需要的图层同时选择，按"Ctrl+G"组合键，编组图层并将其命名为"导航栏"，如图 5-87 所示。

（11）选择"视图 > 新建参考线"命令，弹出"新建参考线"对话框，具体设置如图 5-88 所示。使用相同的方法再次新建一条水平参考线，具体设置如图 5-89 所示。分别单击"确定"按钮，完成参考线的创建。

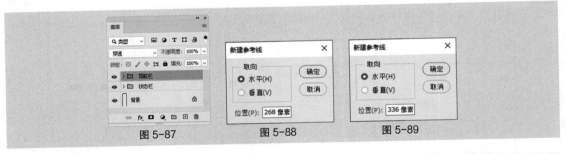

图 5-87　　　　　　　　　　　　　　图 5-88　　　　　　　　　　　　　　图 5-89

（12）选择"矩形工具" $\boxed{\square}$ ，在属性栏中将"填充"设为白色，"描边"设为无颜色。在图像窗口中适当的位置绘制矩形，如图 5-90 所示，在"图层"控制面板中生成新的形状图层"矩形 3"。

（13）再次绘制一个矩形，在"图层"控制面板中生成新的形状图层"矩形 4"。在属性栏中将"填充"设为白色，"描边"设为橘红色（255,103,0），"粗细"设为 1 像素。在"属性"面板中进行设置，如图 5-91 所示，按"Enter"键确认操作。

（14）按"Ctrl+J"组合键，复制图层，在"图层"控制面板中生成新的形状图层"矩形 4 拷贝"。在属性栏中将"填充"设为橘红色（255,103,0）。在"属性"面板中进行设置，如图 5-92 所示。按"Enter"键确认操作，效果如图 5-93 所示。

图 5-90   图 5-91

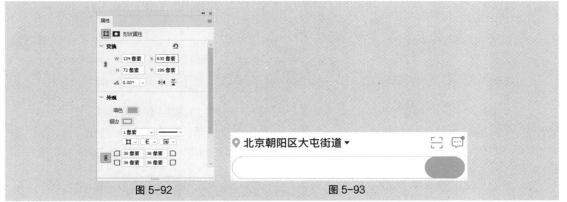

图 5-92   图 5-93

（15）选择"文件 > 置入嵌入对象"命令，弹出"置入嵌入的对象"对话框。选择云盘中的"Ch05 > 制作'三餐'美食 App > 制作'三餐'美食 App 首页 > 素材 > 06"文件，单击"置入"按钮，将图标置入图像窗口中，再将其拖曳到适当的位置并调整大小，按"Enter"键确认操作，在"图层"控制面板中生成新的图层并将其命名为"搜索"。

（16）选择"横排文字工具" **T.**，在适当的位置分别输入需要的文字并选择文字。在"字符"面板中，将"颜色"分别设为灰色（153,153,153）和白色，并设置合适的字体和字号，按"Enter"键确认操作，效果如图 5-94 所示，在"图层"控制面板中分别生成新的文字图层。

（17）选择"矩形工具" **□.**，在属性栏中将"填充"设为白色，"描边"设为无颜色。在图像窗口中适当的位置绘制矩形，如图 5-95 所示，在"图层"控制面板中生成新的形状图层"矩形 5"。

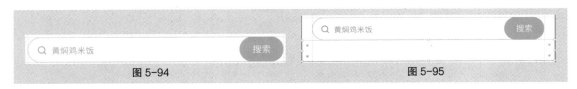

图 5-94   图 5-95

（18）再次绘制一个矩形，在"图层"控制面板中生成新的形状图层"矩形 6"。在属性栏中将"填充"设为淡蓝色（244,245,247），"描边"设为无颜色。在"属性"面板中进行设置，如图 5-96 所示，按"Enter"键确认操作。

（19）选择"横排文字工具" **T.**，在适当的位置输入需要的文字并选择文字。在"字符"面板中，将"颜色"设为灰蓝色（80,82,86），并设置合适的字体和字号，按"Enter"键确认操作，效果如图 5-97 所示，在"图层"控制面板中生成新的文字图层。

（20）按住"Shift"键的同时单击"矩形 6"图层，将需要的图层同时选择，按"Ctrl+G"组合键，编组图层并将其命名为"水果捞"，如图 5-98 所示。使用相同的方法分别绘制形状、输入文字并编组图层，效果如图 5-99 所示，在"图层"控制面板中分别生成新的图层组。

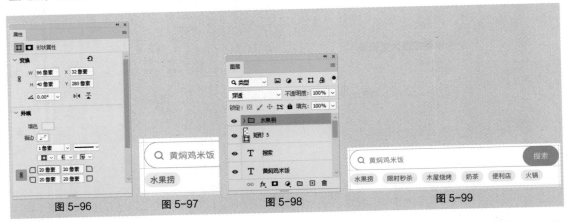

图 5-96　　　　图 5-97　　　　图 5-98　　　　图 5-99

（21）按住"Shift"键的同时单击"水果捞"图层组，将需要的图层组同时选择，按"Ctrl+G"组合键，编组图层组并将其命名为"历史记录"，如图 5-100 所示。按住"Shift"键的同时单击"矩形 3"图层，将需要的图层同时选择，按"Ctrl+G"组合键，编组图层并将其命名为"搜索栏"，如图 5-101 所示。

（22）选择"视图 > 新建参考线"命令，弹出"新建参考线"对话框，具体设置如图 5-102 所示。单击"确定"按钮，完成参考线的创建。

（23）选择"矩形工具" □，在属性栏中将"填充"设为白色，"描边"设为无颜色。在图像窗口中适当的位置绘制矩形，在"图层"控制面板中生成新的形状图层"矩形 7"。在"属性"面板中进行设置，如图 5-103 所示，按"Enter"键确认操作。

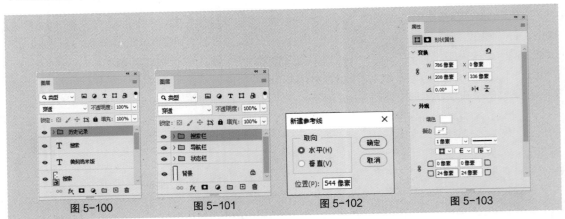

图 5-100　　　　图 5-101　　　　图 5-102　　　　图 5-103

（24）按"Ctrl+J"组合键，复制图层，在"图层"控制面板中生成新的图层"矩形 7 拷贝"，在属性栏中将"填充"设为灰色（210,210,210）。在"属性"面板中进行设置，如图 5-104 所示，按"Enter"键确认操作。单击"蒙版"按钮，具体设置如图 5-105 所示，按"Enter"

键确认操作。在"图层"控制面板中将"矩形 7 拷贝"图层拖曳到"矩形 7"图层的下方，效果如图 5-106 所示。

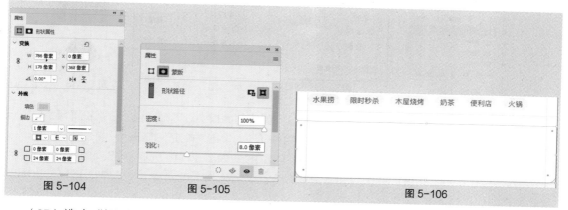

图 5-104　　　　　　　　图 5-105　　　　　　　　　　　图 5-106

（25）选中"矩形 7"图层。再次绘制一个矩形，在"图层"控制面板中生成新的形状图层"矩形 8"。在属性栏中将"填充"设为黑色，"描边"设为无颜色。在"属性"面板中进行设置，如图 5-107 所示。按"Enter"键确认操作，效果如图 5-108 所示。

（26）选择"文件 > 置入嵌入对象"命令，弹出"置入嵌入的对象"对话框。选择云盘中的"Ch05 > 制作'三餐'美食 App > 制作'三餐'美食 App 首页 > 素材 > 07"文件，单击"置入"按钮，将图片置入图像窗口中，再将其拖曳到适当的位置并调整大小，按"Enter"键确认操作，在"图层"控制面板中生成新的图层并将其命名为"Banner"。按"Alt+Ctrl+G"组合键，为"Banner"图层创建剪贴蒙版，效果如图 5-109 所示。

图 5-107　　　　　　　　　图 5-108　　　　　　　　　图 5-109

（27）按住"Shift"键的同时单击"矩形 7 拷贝"图层，将需要的图层同时选择，按"Ctrl+G"组合键，编组图层并将其命名为"Banner"，如图 5-110 所示。

（28）选择"视图 > 新建参考线"命令，弹出"新建参考线"对话框，具体设置如图 5-111 所示。使用相同的方法再次新建一条水平参考线，具体设置如图 5-112 所示。分别单击"确定"按钮，完成参考线的创建。

（29）选择"椭圆工具" ⬭ ，在属性栏中将"填充"设为黑色，"描边"设为无颜色。按住"Shift"键的同时，在图像窗口中适当的位置绘制圆形，如图 5-113 所示，在"图层"控制面板中生成新的形状图层"椭圆 1"。

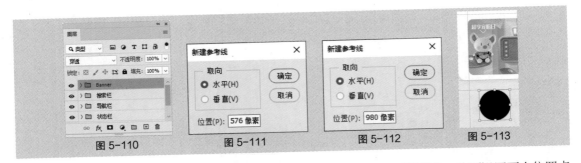

图 5-110　　　　　　　　　　图 5-111　　　　　　　　图 5-112　　　　　　图 5-113

（30）在"属性"面板中单击"填色"按钮，在弹出的面板中设置渐变色，分别设置两个位置点的"颜色"为 0（255,197,190）、100（255,162,158），单击"确定"按钮。设置"角度"为 0°，如图 5-114 所示。按"Enter"键确认操作，其他选项的设置如图 5-115 所示，效果如图 5-116 所示。

（31）选择"文件 > 置入嵌入对象"命令，弹出"置入嵌入的对象"对话框。选择云盘中的"Ch05 > 制作'三餐'美食 App > 制作'三餐'美食 App 首页 > 素材 > 08"文件，单击"置入"按钮，将图层置入图像窗口中，再将其拖曳到适当的位置，按"Enter"键确认操作，在"图层"控制面板中生成新的图层并将其命名为"美食"。按"Alt+Ctrl+G"组合键，为图层创建剪贴蒙版，效果如图 5-117 所示。

（32）选择"横排文字工具" **T**，在适当的位置输入需要的文字并选择文字。在"字符"面板中，将"颜色"设为墨灰色（58,59,61），并设置合适的字体和字号，按"Enter"键确认操作，效果如图 5-118 所示，在"图层"控制面板中生成新的文字图层。按住"Shift"键的同时单击"椭圆 2"图层，将需要的图层同时选择，按"Ctrl+G"组合键，编组图层并将其命名为"美食外卖"。

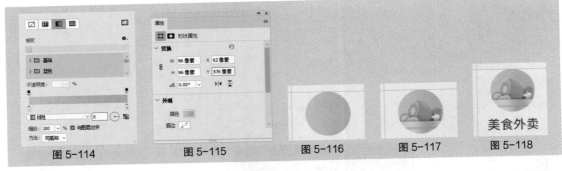

图 5-114　　　　　　　　　图 5-115　　　　　　　图 5-116　　　　　　图 5-117　　　　　　图 5-118

（33）使用上述的方法分别绘制图形，置入图标，输入文字并编组图层，效果如图 5-119 所示，在"图层"控制面板中分别生成新的图层组。按住"Shift"键的同时单击"美食外卖"图层组，将需要的图层组同时选择，按"Ctrl+G"组合键，编组图层组并将其命名为"主金刚区"。

（34）选择"文件 > 置入嵌入对象"命令，弹出"置入嵌入的对象"对话框。选择云盘中的"Ch05 > 制作'三餐'美食 App > 制作'三餐'美食 App 首页 > 素材 > 13"文件，单击"置入"按钮，将图标置入图像窗口中，再将其拖曳到适当的位置，按"Enter"键确认操作，在"图层"控制面板中生成新的图层并将其命名为"品质晚餐"。

（35）选择"横排文字工具" **T**，在适当的位置输入需要的文字并选择文字。在"字符"面板中，将"颜色"设为墨灰色（58,59,61），并设置合适的字体和字号，按"Enter"键确认操作，效果如图 5-120 所示，在"图层"控制面板中生成新的文字图层。使用上述的方法分别置入图标并输入文字，效果如图 5-121 所示，在"图层"控制面板中分别生成新的图层。

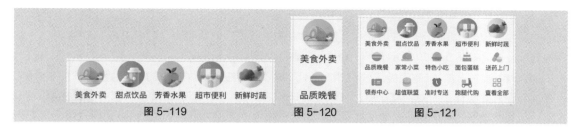

图 5-119 图 5-120 图 5-121

（36）按住"Shift"键的同时单击"品质晚餐"图层，将需要的图层同时选择，按"Ctrl+G"组合键，编组图层并将其命名为"副金刚区"。按住"Shift"键的同时，单击"主金刚区"图层组，将需要的图层组同时选择，按"Ctrl+G"组合键，编组图层组并将其命名为"金刚区"，如图 5-122 所示。

（37）选择"视图 > 新建参考线"命令，弹出"新建参考线"对话框，具体设置如图 5-123 所示。单击"确定"按钮，完成参考线的创建。选择"矩形工具" □，在属性栏中将"填充"设为白色，"描边"设为无颜色。在图像窗口中适当的位置绘制矩形，在"图层"控制面板中生成新的形状图层"矩形 9"。在"属性"面板中进行设置，如图 5-124 所示，按"Enter"键确认操作。

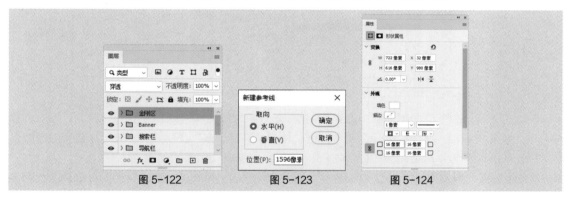

图 5-122 图 5-123 图 5-124

（38）按"Ctrl+J"组合键，复制图层，在"图层"控制面板中生成新的图层"矩形 9 拷贝"，在属性栏中将"填充"设为浅灰色（191,191,191）。在"属性"面板中进行设置，如图 5-125 所示，按"Enter"键确认操作。单击"蒙版"按钮，具体设置如图 5-126 所示，按"Enter"键确认操作。在"图层"控制面板中将"矩形 9 拷贝"图层拖曳到"矩形 9"图层的下方，效果如图 5-127 所示。

（39）选中"矩形 9"图层。选择"横排文字工具" T，在适当的位置输入需要的文字并选择文字。在"字符"面板中，将"颜色"设为深灰色（51,51,51），并设置合适的字体和字号，按"Enter"键确认操作，效果如图 5-128 所示，在"图层"控制面板中生成新的文字图层。

图 5-125 图 5-126 图 5-127 图 5-128

（40）选择"矩形工具" □，在属性栏中将"填充"设为白色，"描边"设为无颜色。在图像窗口中适当的位置绘制矩形，在"图层"控制面板中生成新的形状图层"矩形 10"。在"属性"面板中进行设置，如图 5-129 所示，按"Enter"键确认操作。

（41）单击"图层"控制面板下方的"添加图层样式"按钮 fx，在弹出的菜单中选择"渐变叠加"命令，弹出"图层样式"对话框。单击"渐变"选项右侧的"点按可编辑渐变"按钮 ▭，弹出"渐变编辑器"对话框，在"位置"选项中分别输入 0、100 两个位置点，分别设置两个位置点的"颜色"为 0（255,0,44）、100（255,57,18），如图 5-130 所示。单击"确定"按钮，返回"图层样式"对话框，其他选项的设置如图 5-131 所示，单击"确定"按钮。

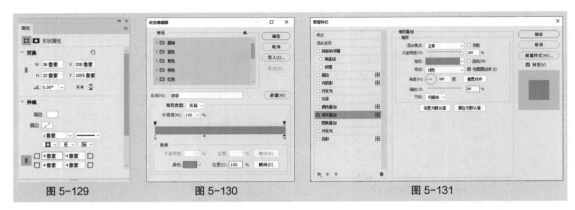

图 5-129   图 5-130   图 5-131

（42）使用上述的方法分别输入文字并绘制图形，效果如图 5-132 所示，在"图层"控制面板中分别生成新的图层。按住"Shift"键的同时，单击"新品上市"图层，将需要的图层同时选择，按"Ctrl+G"组合键，编组图层并将其命名为"标题"，如图 5-133 所示。

（43）选择"矩形工具" □，在属性栏中将"填充"设为黑色，"描边"设为无颜色。在图像窗口中适当的位置绘制矩形，在"图层"控制面板中生成新的形状图层"矩形 11"。在"属性"面板中进行设置，如图 5-134 所示。按"Enter"键确认操作，效果如图 5-135 所示。

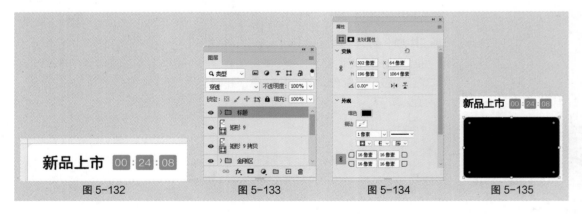

图 5-132   图 5-133   图 5-134   图 5-135

（44）选择"文件 > 置入嵌入对象"命令，弹出"置入嵌入的对象"对话框。选择云盘中的"Ch05 > 制作'三餐'美食 App > 制作'三餐'美食 App 首页 > 素材 > 23"文件，单击"置入"按钮，将图片置入图像窗口中，再将其拖曳到适当的位置，按"Enter"键确认操作，在"图层"控制面板中生成新的图层并将其命名为"水饺"。按"Alt+Ctrl+G"组合键，为图层创建剪贴蒙版，效果如图 5-136 所示。

（45）选择"横排文字工具" $\boxed{\text{T}}$ ，在适当的位置分别输入需要的文字并选择文字。在"字符"面板中，将"颜色"设为橙红色（234,67,45）、中灰色（197,197,197）和深灰色（51,51,51），并分别设置合适的字体和字号，按"Enter"键确认操作，效果如图5-137所示，在"图层"控制面板中分别生成新的文字图层。按住"Shift"键的同时单击"矩形11"图层，将需要的图层同时选择，按"Ctrl+G"组合键，编组图层并将其命名为"饺子"。

（46）使用上述的方法分别绘制图形、置入图片、输入文字并编组图层，效果如图5-138所示，在"图层"控制面板中生成新的图层组"水煮肉片"。按住"Shift"键的同时单击"标题"图层组，将需要的图层组同时选择，按"Ctrl+G"组合键，编组图层组并将其命名为"限时秒杀"，如图5-139所示。

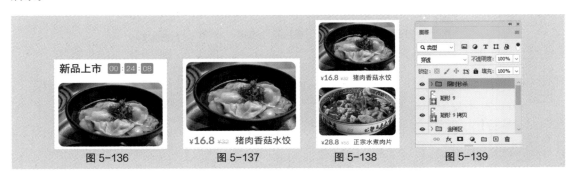

图5-136　　　　图5-137　　　　图5-138　　　　图5-139

（47）选择"直线工具" $\boxed{/}$ ，在属性栏中将"填充"设为无颜色，"描边"设为淡灰色（237,237,237），"H"设为2像素。按住"Shift"键的同时，在适当的位置绘制一条竖线，如图5-140所示，在"图层"控制面板中生成新的形状图层"直线1"。

（48）使用上述的方法分别绘制图形、置入图片、输入文字并编组图层，效果如图5-141所示，在"图层"控制面板中生成新的图层组"大牌甄选"和"专享福利"。按住"Shift"键的同时单击"矩形9拷贝"图层，将需要的图层同时选择，按"Ctrl+G"组合键，编组图层并将其命名为"瓷片区"，如图5-142所示。

图5-140　　　　　图5-141　　　　　图5-142

（49）选择"横排文字工具" $\boxed{\text{T}}$ ，在适当的位置分别输入需要的文字并选择文字。在"字符"面板中，将"颜色"设为深灰色（51,51,51），并分别设置合适的字体和字号，按"Enter"键确认操作，在"图层"控制面板中分别生成新的文字图层。

（50）选择"直线工具" $\boxed{/}$ ，在属性栏中将"填充"设为无颜色，"描边"设为橙黄色（255,89,0），"H"设为4像素，按住"Shift"键的同时，在适当的位置绘制一条直线，如图5-143所示，在"图层"控制面板中生成新的形状图层"直线2"。按住"Shift"键的同时单击"推荐"图层，将需要的图层同时选择，按"Ctrl+G"组合键，编组图层并将其命名为"分段控件"。

（51）选择"横排文字工具" **T.**，在适当的位置输入需要的文字并选择文字。在"字符"面板中，将"颜色"设为深灰色（51，51，51），并设置合适的字体和字号，按"Enter"键确认操作，在"图层"控制面板中生成新的文字图层。

（52）选择"文件 > 置入嵌入对象"命令，弹出"置入嵌入的对象"对话框。选择云盘中的"Ch05 > 制作'三餐'美食 App > 制作'三餐'美食 App 首页 > 素材 > 03"文件，单击"置入"按钮，将图标置入图像窗口中，再将其拖曳到适当的位置并调整大小，按"Enter"键确认操作，效果如图 5-144 所示，在"图层"控制面板中生成新的图层并将其命名为"展开"。

图 5-143　　　　　　　　　图 5-144

（53）选择"横排文字工具" **T.**，在适当的位置输入需要的文字并选择文字。在"字符"面板中，将"颜色"设为青灰色（102，102，102），并设置合适的字体和字号，按"Enter"键确认操作，在"图层"控制面板中生成新的文字图层。

（54）选择"展开"图层，选择"移动工具" **+.**，按住"Alt+Shift"组合键的同时将其向右拖曳，以复制该图层，在"图层"控制面板中生成新的图层"展开 拷贝"。在"图层"控制面板中将"展开 拷贝"图层的"不透明度"设为 50%，并将其拖曳到"品类"图层的上方，如图 5-145 所示，效果如图 5-146 所示。

图 5-145　　　　　　　　　图 5-146

（55）使用上述的方法分别输入文字并复制图层，效果如图 5-147 所示，在"图层"控制面板中分别生成新的图层。按住"Shift"键的同时单击"综合排序"图层，将需要的图层同时选择，按"Ctrl+G"组合键，编组图层并将其命名为"筛选区"，如图 5-148 所示。

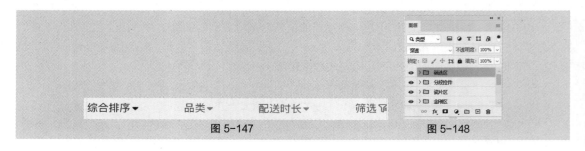

图 5-147　　　　　　　　　图 5-148

（56）选择"矩形工具" ⬜，在属性栏中将"填充"设为白色，"描边"设为无颜色。在图像窗口中适当的位置绘制矩形，在"图层"控制面板中生成新的形状图层"矩形18"。在"属性"面板中进行设置，如图5-149所示。按"Enter"键确认操作。

（57）选择"横排文字工具" T，在适当的位置输入需要的文字并选择文字。在"字符"面板中，将"颜色"设为深灰色（51,51,51），并设置合适的字体和字号，按"Enter"键确认操作，在"图层"控制面板中生成新的文字图层。使用相同的方法分别绘制形状并输入文字，效果如图5-150所示，在"图层"控制面板中分别生成新的图层。按住"Shift"键的同时，单击"矩形18"图层，将需要的图层同时选择，按"Ctrl+G"组合键，编组图层并将其命名为"筛选标签"，如图5-151所示。

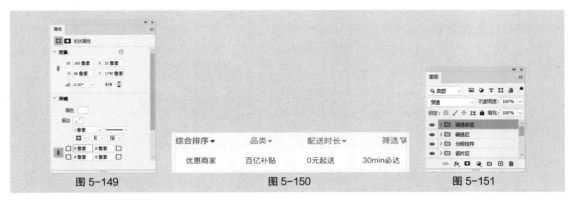

图 5-149　　　　　　　　　图 5-150　　　　　　　　　图 5-151

（58）选择"视图 > 新建参考线"命令，弹出"新建参考线"对话框，具体设置如图5-152所示。使用相同的方法再次新建一条水平参考线，具体设置如图5-153所示。分别单击"确定"按钮，完成参考线的创建。

（59）选择"矩形工具" ⬜，在属性栏中将"填充"设为白色，"描边"设为无颜色。在图像窗口中适当的位置

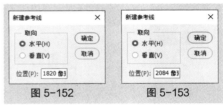

图 5-152　　　　　图 5-153

绘制矩形，在"图层"控制面板中生成新的形状图层"矩形19"。在"属性"面板中进行设置，如图5-154所示。按"Enter"键确认操作，效果如图5-155所示。使用相同的方法再次绘制一个矩形，在"图层"控制面板中生成新的形状图层"矩形20"。在属性栏中将"填充"设为绿色（0,158,145），"描边"设为无颜色。在"属性"面板中进行设置，如图5-156所示，按"Enter"键确认操作。

图 5-154　　　　　　　　　图 5-155　　　　　　　　　图 5-156

（60）选择"文件 > 置入嵌入对象"命令，弹出"置入嵌入的对象"对话框。选择云盘中的"Ch05 > 制作'三餐'美食 App > 制作'三餐'美食 App 首页 > 素材 > 29"文件，单击"置入"按钮，将图片置入图像窗口中，再将其拖曳到适当的位置，按"Enter"键确认操作，在"图层"控制面板中生成新的图层并将其命名为"眉州小吃"。按"Alt+Ctrl+G"组合键，为"眉州小吃"图层创建剪贴蒙版，效果如图 5-157 所示。

（61）选择"横排文字工具" **T.**，在适当的位置分别输入需要的文字并选择文字。在"字符"面板中，将"颜色"设为深灰色（51,51,51）、橙色（252,103,19）和青灰色（102,102,102），并分别设置合适的字体和字号，按"Enter"键确认操作，效果如图 5-158 所示，在"图层"控制面板中分别生成新的文字图层。

（62）选择"矩形工具" **□.**，在属性栏中将"填充"设为无颜色，"描边"设为橙色（252,103,19），"粗细"设为 1 像素。在图像窗口中适当的位置绘制矩形，在"图层"控制面板中生成新的形状图层"矩形 21"。在"属性"面板中进行设置，如图 5-159 所示。按"Enter"键确认操作，效果如图 5-160 所示。

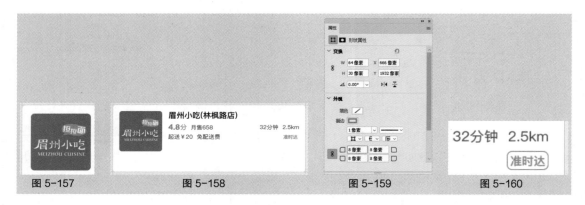

图 5-157　　　　　　图 5-158　　　　　　图 5-159　　　　　　图 5-160

（63）使用相同的方法再次绘制一个矩形，在"图层"控制面板中生成新的形状图层"矩形 22"。在属性栏中将"填充"设为橙黄色（255,89,0），"描边"设为无颜色。在"属性"面板中进行设置，如图 5-161 所示，按"Enter"键确认操作。在"图层"控制面板中将"矩形 22"图层的"不透明度"设为 20%，如图 5-162 所示，效果如图 5-163 所示。

图 5-161　　　　　　　图 5-162　　　　　　　　图 5-163

（64）选择"横排文字工具" **T.**，在适当的位置输入需要的文字并选择文字。在"字符"面板中，将"颜色"设为橙色（252,103,19），并设置合适的字体和字号，按"Enter"键确认操作，效果如

图 5-164 所示，在"图层"控制面板中生成新的文字图层。

（65）选择"矩形工具" □ ，在属性栏中将"填充"设为无颜色，"描边"设为红色（254,43,22），"粗细"设为 1 像素。在图像窗口中适当的位置绘制矩形，在"图层"控制面板中生成新的形状图层"矩形 23"。在"属性"面板中进行设置，如图 5-165 所示，按"Enter"键确认操作。

（66）选择"横排文字工具" T ，在适当的位置输入需要的文字并选择文字。在"字符"面板中，将"颜色"设为中红色（226,67,67），并设置合适的字体和字号，按"Enter"键确认操作，效果如图 5-166 所示，在"图层"控制面板中生成新的文字图层。

（67）使用相同的方法分别绘制形状并输入文字，效果如图 5-167 所示，在"图层"控制面板中分别生成新的图层。按住"Shift"键的同时单击"矩形 23"图层，将需要的图层同时选择，按"Ctrl+G"组合键，编组图层并将其命名为"满减"。

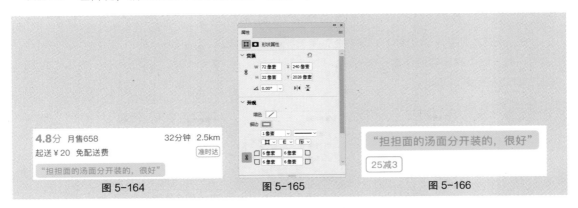

图 5-164　　　　　图 5-165　　　　　图 5-166

（68）选择"文件 > 置入嵌入对象"命令，弹出"置入嵌入的对象"对话框。选择云盘中的"Ch05 > 制作'三餐'美食 App > 制作'三餐'美食 App 首页 > 素材 > 03"文件，单击"置入"按钮，将图标置入图像窗口中，再将其拖曳到适当的位置并调整大小，按"Enter"键确认操作，在"图层"控制面板中生成新的图层并将其命名为"展开"，将"展开"图层的"不透明度"设为 20%，效果如图 5-168 所示。按住"Shift"键的同时单击"矩形 19"图层，将需要的图层同时选择，按"Ctrl+G"组合键，编组图层并将其命名为"眉州小吃"，如图 5-169 所示。

图 5-167　　　　　图 5-168　　　　　图 5-169

（69）使用上述的方法制作出图 5-170 所示的效果，在"图层"控制面板中分别生成新的图层组。按住"Shift"键的同时单击"眉州小吃"图层组，将需要的图层组同时选择，按"Ctrl+G"组合键，编组图层组并将其命名为"列表区"，如图 5-171 所示。按住"Shift"键的同时单击"金刚区"图层组，将需要的图层组同时选择，按"Ctrl+G"组合键，编组图层组并将其命名为"内容区"，如图 5-172 所示。

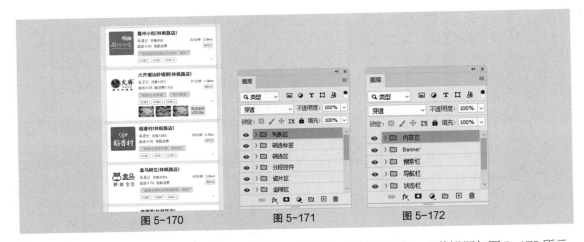

图 5-170　　　　　　　　　图 5-171　　　　　　　　　图 5-172

（70）选择"视图 > 新建参考线"命令，弹出"新建参考线"对话框，具体设置如图 5-173 所示。使用相同的方法再次新建两条水平参考线，具体设置如图 5-174 和图 5-175 所示。分别单击"确定"按钮，完成参考线的创建。

图 5-173　　　　　　　　　图 5-174　　　　　　　　　图 5-175

（71）选择"矩形工具" <u>▢.</u>，在属性栏中将"填充"设为白色，"描边"设为无颜色。在图像窗口中适当的位置绘制矩形，效果如图 5-176 所示，在"图层"控制面板中生成新的形状图层"矩形 26"。

（72）按"Ctrl+J"组合键，复制图层，在"图层"控制面板中生成新的图层"矩形 26 拷贝"，在属性栏中将"填充"设为灰色（153,153,153），并调整形状的大小。在"属性"面板中单击"蒙版"按钮，具体设置如图 5-177 所示。按"Enter"键确认操作。在"图层"控制面板中将"矩形 26 拷贝"图层拖曳到"矩形 26"图层的下方，效果如图 5-178 所示。

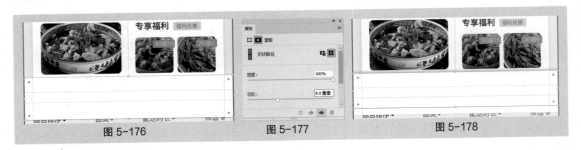

图 5-176　　　　　　　　　图 5-177　　　　　　　　　图 5-178

（73）选择"矩形 26"图层。选择"文件 > 置入嵌入对象"命令，弹出"置入嵌入的对象"对话框。选择云盘中的"Ch05 > 制作'三餐'美食 App > 制作'三餐'美食 App 首页 > 素材 > 33"文件，单击"置入"按钮，将图标置入图像窗口中，再将其拖曳到适当的位置，按"Enter"键确认操作，在"图层"控制面板中生成新的图层并将其命名为"标签栏"。使用相同的方法置入"34"文件，效果如图 5-179 所示,在"图层"控制面板中生成新的图层并将其命名为"Home Indicator",如图 5-180 所示。至此,"三餐"美食 App 首页制作完成。

图 5-179　　　　　　　　　　　　　图 5-180

5. 制作"三餐"美食 App 详情页

(1)按"Ctrl+N"组合键,弹出"新建文档"对话框,将"宽度"设为 786 像素,"高度"设为 3260 像素,"分辨率"设为 72 像素 / 英寸,"背景内容"设为白色,如图 5-181 所示。单击"创建"按钮,完成文档新建。

(2)选择"视图 > 新建参考线版面"命令,弹出"新建参考线版面"对话框,具体设置如图 5-182 所示。单击"确定"按钮,完成参考线版面的创建。

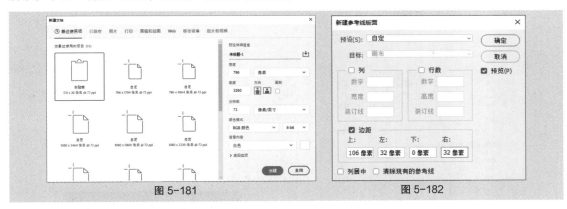

图 5-181　　　　　　　　　　　　　图 5-182

(3)选择"矩形工具"　,在属性栏中将"选择工具模式"设为"形状","填充"设为黑色,"描边"设为无颜色。在图像窗口中适当的位置绘制矩形,如图 5-183 所示,在"图层"控制面板中生成新的形状图层"矩形 1"。

(4)选择"文件 > 置入嵌入对象"命令,弹出"置入嵌入的对象"对话框。选择云盘中的"Ch05 > 制作'三餐'美食 App > 制作'三餐'美食 App 详情页 > 素材 > 01"文件,单击"置入"按钮,将图片置入图像窗口中,再将其拖曳到适当的位置并调整大小,按"Enter"键确认操作,在"图层"控制面板中生成新的图层并将其命名为"底图"。按"Alt+Ctrl+G"组合键,为"底图"图层创建剪贴蒙版,效果如图 5-184 所示。

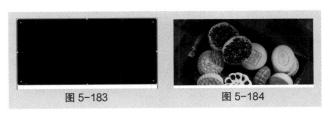

图 5-183　　　　　　图 5-184

（5）单击"图层"控制面板下方的"添加图层样式"按钮 *fx*，在弹出的菜单中选择"颜色叠加"命令，弹出"图层样式"对话框，设置叠加颜色为黑色，其他选项的设置如图 5-185 所示。单击"确定"按钮，效果如图 5-186 所示。

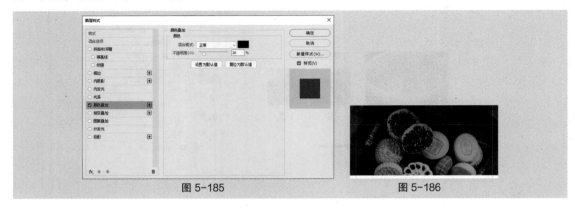

图 5-185　　　　　　　　　　　图 5-186

（6）选择"文件 > 置入嵌入对象"命令，弹出"置入嵌入的对象"对话框。选择云盘中的"Ch05 > 制作'三餐'美食 App > 制作'三餐'美食 App 详情页 > 素材 > 02"文件，单击"置入"按钮，将图片置入图像窗口中，再将其拖曳到适当的位置，按"Enter"键确认操作，在"图层"控制面板中生成新的图层并将其命名为"状态栏"。

（7）单击"图层"控制面板下方的"添加图层样式"按钮 *fx*，在弹出的菜单中选择"颜色叠加"命令，弹出"图层样式"对话框，设置叠加颜色为白色，其他选项的设置如图 5-187 所示。单击"确定"按钮，效果如图 5-188 所示。

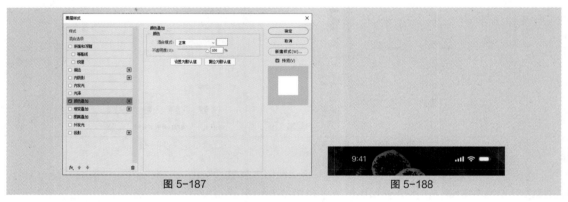

图 5-187　　　　　　　　　　　图 5-188

（8）选择"视图 > 新建参考线"命令，弹出"新建参考线"对话框，具体设置如图 5-189 所示。单击"确定"按钮，完成参考线的创建。

（9）选择"文件 > 置入嵌入对象"命令，弹出"置入嵌入的对象"对话框。选择云盘中的"Ch05 > 制作'三餐'美食 App > 制作'三餐'美食 App 详情页 > 素材 > 03"文件，单击"置入"按钮，将图标置入图像窗口中，再将其拖曳到适当的位置并调整大小，按"Enter"键确认操作，在"图层"控制面板中生成新的图层并将其命名为"返回"。

（10）使用相同的方法，分别置入"04""05""06"文件，将其拖曳到适当的位置并调整大小，按"Enter"键确认操作，效果如图 5-190 所示，在"图层"控制面板中分别生成新的图层并将其命名为"搜索""关注""更多"。

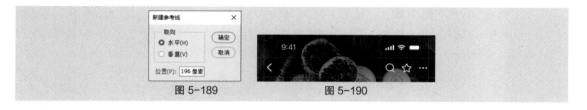

图 5-189   图 5-190

（11）按住"Shift"键的同时单击"返回"图层，将需要的图层同时选择，按"Ctrl+G"组合键，编组图层并将其命名为"导航栏"，如图 5-191 所示。

（12）选择"矩形工具" □，在属性栏中将"填充"设为黑色，"描边"设为无颜色。在图像窗口中适当的位置绘制矩形，在"图层"控制面板中生成新的形状图层"矩形 2"。在"属性"面板中进行设置，如图 5-192 所示。按"Enter"键确认操作，效果如图 5-193 所示

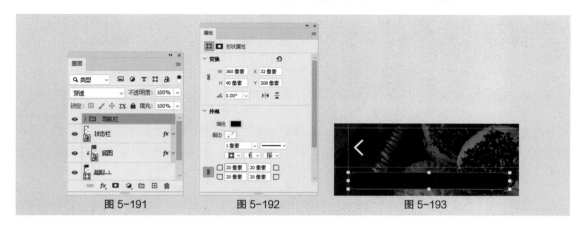

图 5-191   图 5-192   图 5-193

（13）在"图层"控制面板中将"矩形 2"图层的"不透明度"设为 30%，如图 5-194 所示。选择"横排文字工具" T，在适当的位置输入需要的文字并选择文字。选择"窗口 > 字符"命令，弹出"字符"面板，将"颜色"设为米灰色（244,244,244），并设置合适的字体和字号，按"Enter"键确认操作，效果如图 5-195 所示，在"图层"控制面板中生成新的文字图层。

（14）按住"Shift"键的同时单击"矩形 2"图层，将需要的图层同时选择，按"Ctrl+G"组合键，编组图层并将其命名为"评价"，如图 5-196 所示。

图 5-194   图 5-195   图 5-196

（15）选择"视图 > 新建参考线"命令，弹出"新建参考线"对话框，具体设置如图 5-197 所示。使用相同的方法再次新建一条水平参考线，具体设置如图 5-198 所示。分别单击"确定"按钮，完成参考线的创建。

（16）选择"矩形工具" 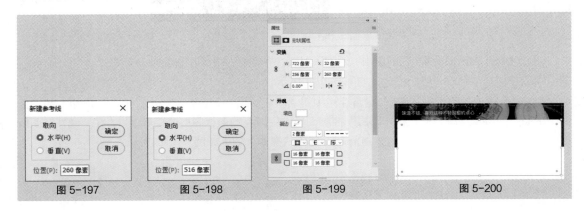，在属性栏中将"填充"设为白色，"描边"设为无颜色。在图像窗口中适当的位置绘制矩形，在"图层"控制面板中生成新的形状图层"矩形 3"。在"属性"面板中进行设置，如图 5-199 所示。按"Enter"键确认操作，效果如图 5-200 所示。

图 5-197　　　　图 5-198　　　　图 5-199　　　　图 5-200

（17）按"Ctrl+J"组合键，复制图层，在"图层"控制面板中生成新的形状图层"矩形 3 拷贝"。选择"移动工具" ，按住"Shift"键的同时，将其垂直向下拖曳到适当的位置，并调整形状的大小。在属性栏中将"填充"设为灰色（153,153,153），在"属性"面板中单击"蒙版"按钮，具体设置如图 5-201 所示，按"Enter"键确认操作。在"图层"控制面板中将"矩形 3 拷贝"图层的"不透明度"选项设为 40%，并将其拖曳到"矩形 3"图层的下方，如图 5-202 所示，效果如图 5-203 所示。

图 5-201　　　　　　图 5-202　　　　　　图 5-203

（18）选择"矩形 3"图层。选择"横排文字工具" T.，在适当的位置分别输入需要的文字并选择文字。在"字符"面板中，将"颜色"设为深灰色（51,51,51）和灰色（153,153,153），并分别设置合适的字体和字号，按"Enter"键确认操作，效果如图 5-204 所示，在"图层"控制面板中分别生成新的文字图层。

（19）选择"矩形工具" □.，在属性栏中将"填充"设为黑色，"描边"设为无颜色。在图像窗口中适当的位置绘制矩形，在"图层"控制面板中生成新的形状图层"矩形 4"。在"属性"面板中进行设置，如图 5-205 所示。按"Enter"键确认操作，效果如图 5-206 所示。

（20）选择"文件 > 置入嵌入对象"命令，弹出"置入嵌入的对象"对话框。选择云盘中的"Ch05 > 制作'三餐'美食 App > 制作'三餐'美食 App 详情页 > 素材 > 07"文件，单击"置入"按钮，将图片置入图像窗口中，再将其拖曳到适当的位置并调整大小，按"Enter"键确认操作，在"图层"控制面板中生成新的图层并将其命名为"Logo"。按"Alt+Ctrl+G"组合键，为"Logo"图层创建剪贴蒙版，效果如图 5-207 所示。

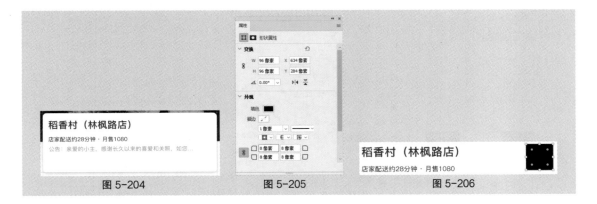

图 5-204 　　　　　　　　　　　图 5-205 　　　　　　　　　　　图 5-206

（21）选择"矩形工具" □ ，在属性栏中将"填充"设为无颜色，"描边"设为红色（254,43,22），"粗细"设为1像素。在图像窗口中适当的位置绘制矩形，在"图层"控制面板中生成新的形状图层"矩形5"。在"属性"面板中进行设置，如图 5-208 所示，按"Enter"键确认操作。

（22）选择"横排文字工具" T ，在适当的位置输入需要的文字并选择文字。在"字符"面板中，将"颜色"设为中红色（226,67,67），并设置合适的字体和字号，按"Enter"键确认操作，效果如图 5-209 所示，在"图层"控制面板中生成新的文字图层。

（23）使用相同的方法分别绘制形状并输入文字，效果如图 5-210 所示，在"图层"控制面板中分别生成新的图层。按住"Shift"键的同时单击"矩形5"图层，将需要的图层同时选择，按"Ctrl+G"组合键，编组图层并将其命名为"满减"，如图 5-211 所示。

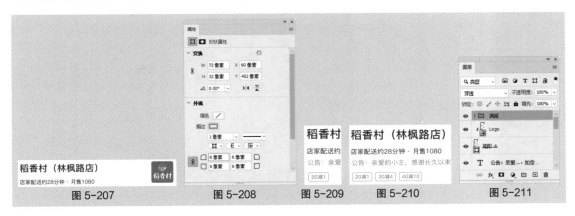

图 5-207 　　　　　图 5-208 　　　　图 5-209 　　　图 5-210 　　　　图 5-211

（24）选择"横排文字工具" T ，在适当的位置输入需要的文字并选择文字。在"字符"面板中，将"颜色"设为灰色（153,153,153），并设置合适的字体和字号，按"Enter"键确认操作，效果如图 5-212 所示，在"图层"控制面板中生成新的文字图层。

（25）选择"文件 > 置入嵌入对象"命令，弹出"置入嵌入的对象"对话框。选择云盘中的"Ch05 > 制作'三餐'美食 App > 制作'三餐'美食 App 详情页 > 素材 > 08"文件，单击"置入"按钮，将图标置入图像窗口中，再将其拖曳到适当的位置并调整大小，按"Enter"键确认操作，效果如图 5-213 所示，在"图层"控制面板中生成新的图层并将其命名为"下拉"。按住"Shift"键的同时单击"矩形 3 拷贝"图层，将需要的图层同时选择，按"Ctrl+G"组合键，编组图层并将其命名为"店家信息"，如图 5-214 所示。

（26）选择"视图 > 新建参考线"命令，弹出"新建参考线"对话框，具体设置如图 5-215 所示。

使用相同的方法再次新建一条水平参考线，具体设置如图 5-216 所示。分别单击"确定"按钮，完成参考线的创建。

图 5-212　　　图 5-213　　　　　图 5-214　　　　　　图 5-215　　　　　　图 5-216

（27）选择"矩形工具" ，在属性栏中将"填充"设为白色，"描边"设为无颜色。在图像窗口中适当的位置绘制矩形，在"图层"控制面板中生成新的形状图层"矩形 6"。在"属性"面板中进行设置，如图 5-217 所示。按"Enter"键确认操作，效果如图 5-218 所示。

（28）按"Ctrl+J"组合键，复制图层，在"图层"控制面板中生成新的形状图层"矩形 6 拷贝"。在属性栏中将"填充"设为石灰色（191,191,191），在"属性"面板中单击"蒙版"按钮，具体设置如图 5-219 所示，按"Enter"键确认操作。

图 5-217　　　　　　　　　　图 5-218　　　　　　　　　　图 5-219

（29）在"图层"控制面板中将"矩形 6 拷贝"图层的"不透明度"设为 30%，并将其拖曳到"矩形 6"图层的下方，如图 5-220 所示，效果如图 5-221 所示。

图 5-220　　　　　　　　　图 5-221

（30）选择"矩形 6"图层。单击"图层"控制面板下方的"添加图层样式"按钮 ，在弹出的菜单中选择"渐变叠加"命令,弹出"图层样式"对话框。单击"渐变"选项右侧的"点按可编辑渐变"按钮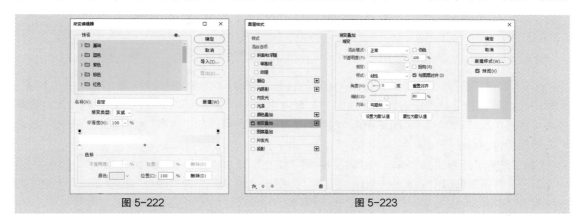,弹出"渐变编辑器"对话框,在"位置"选项中分别输入 0、100 两个位置点,分别设置两个位置点的"颜色"为 0(255,255,255)、100(255,236,222),如图 5-222 所示。单击"确定"按钮,返回"图层样式"对话框,其他选项的设置如图 5-223 所示,单击"确定"按钮。

图 5-222　　　　　　　　　　　　图 5-223

(31)选择"横排文字工具" T.,在适当的位置分别输入需要的文字并选择文字。在"字符"面板中,将"颜色"分别设为深灰色(51,51,51)、灰色(153,153,153)和橘黄色(255,109,51),并分别设置合适的字体和字号,按"Enter"键确认操作,效果如图 5-224 所示,在"图层"控制面板中分别生成新的文字图层。

(32)选择"矩形工具" □.,在属性栏中将"填充"设为中红色(255,75,52),"描边"设为无颜色。在图像窗口中适当的位置绘制矩形,在"图层"控制面板中生成新的形状图层"矩形 7"。在"属性"面板中进行设置,如图 5-225 所示,按"Enter"键确认操作。

图 5-224　　　　　　　　　　　　图 5-225

(33)选择"横排文字工具" T.,在适当的位置输入需要的文字并选择文字。在"字符"面板中,将"颜色"设为白色,并设置合适的字体和字号,按"Enter"键确认操作,效果如图 5-226 所示,在"图层"控制面板中生成新的文字图层。按住"Shift"键的同时单击"矩形 6 拷贝"图层,将需要的图层同时选择,按"Ctrl+G"组合键,编组图层并将其命名为"抵用券",如图 5-227 所示。

(34)选择"视图 > 新建参考线"命令,弹出"新建参考线"对话框,具体设置如图 5-228 所示。单击"确定"按钮,完成参考线的创建。

图 5-226   图 5-227   图 5-228

（35）选择"横排文字工具" T.，在适当的位置分别输入需要的文字并选择文字。在"字符"面板中，将"颜色"分别设为深灰色（51,51,51）和灰色（153,153,153），并分别设置合适的字体和字号，按"Enter"键确认操作，效果如图 5-229 所示，在"图层"控制面板中分别生成新的文字图层。

（36）选择"矩形工具" □.，在属性栏中将"填充"设为橘黄色（255,129,42），"描边"设为无颜色。在图像窗口中适当的位置绘制矩形，如图 5-230 所示，在"图层"控制面板中生成新的形状图层"矩形 8"。

图 5-229   图 5-230

（37）再次绘制一个矩形，在"图层"控制面板中生成新的形状图层"矩形 9"。在属性栏中将"填充"设为无颜色，"描边"设为橘黄色（255,129,42），"粗细"设为 1 像素。在"属性"面板中进行设置，如图 5-231 所示，按"Enter"键确认操作。

（38）选择"横排文字工具" T.，在适当的位置输入需要的文字并选择文字。在"字符"面板中，将"颜色"设为橘黄色（255,129,42），并设置合适的字体和字号，按"Enter"键确认操作，效果如图 5-232 所示，在"图层"控制面板中生成新的文字图层。按住"Shift"键的同时单击"点餐"图层，将需要的图层同时选择，按"Ctrl+G"组合键，编组图层并将其命名为"分段控件"，如图 5-233 所示。

图 5-231   图 5-232   图 5-233

（39）选择"视图 > 新建参考线"命令，弹出"新建参考线"对话框，具体设置如图 5-234 所示。单击"确定"按钮，完成参考线的创建。

（40）选择"矩形工具" ，在属性栏中将"填充"设为黑色，"描边"设为无颜色。在图像窗口中适当的位置绘制矩形，在"图层"控制面板中生成新的形状图层"矩形 10"。在"属性"面板中进行设置，如图 5-235 所示。按"Enter"键确认操作，效果如图 5-236 所示。

图 5-234　　　　　　　图 5-235　　　　　　　图 5-236

（41）选择"文件 > 置入嵌入对象"命令，弹出"置入嵌入的对象"对话框。选择云盘中的"Ch05 > 制作'三餐'美食 App > 制作'三餐'美食 App 详情页 > 素材 > 09"文件，单击"置入"按钮，将图片置入图像窗口中，再将其拖曳到适当的位置并调整大小，按"Enter"键确认操作，在"图层"控制面板中生成新的图层并将其命名为"Banner"。按"Alt+Ctrl+G"组合键，为"Banner"图层创建剪贴蒙版，效果如图 5-237 所示。

（42）选择"视图 > 新建参考线"命令，弹出"新建参考线"对话框，具体设置如图 5-238 所示。使用相同的方法再次新建一条水平参考线，具体设置如图 5-239 所示。分别单击"确定"按钮，完成参考线的创建。

图 5-237　　　　　　　图 5-238　　　　　　　图 5-239

（43）选择"矩形工具" ，在属性栏中将"填充"设为白色，"描边"设为无颜色。在图像窗口中适当的位置绘制矩形，在"图层"控制面板中生成新的形状图层"矩形 11"。在"属性"面板中进行设置，如图 5-240 所示。按"Enter"键确认操作，效果如图 5-241 所示。

（44）按"Ctrl+J"组合键，复制图层，在"图层"控制面板中生成新的形状图层"矩形 11 拷贝"。在属性栏中将"填充"设为灰色（153,153,153），在"属性"面板中单击"蒙版"按钮，具体设置如图 5-242 所示，按"Enter"键确认操作。

（45）在"图层"控制面板中将"矩形 11 拷贝"图层的"不透明度"设为 20%，并将其拖曳到"矩形 11"图层的下方，如图 5-243 所示，效果如图 5-244 所示。

（46）选择"矩形 11"图层。选择"横排文字工具" ，在适当的位置输入需要的文字并选择文字。在"字符"面板中，将"颜色"设为深灰色（51,51,51），并设置合适的字体和字号，按"Enter"键确认操作，在"图层"控制面板中生成新的文字图层。

图 5-240　　　　　　　图 5-241　　　　　　　图 5-242

（47）选择"文件 > 置入嵌入对象"命令，弹出"置入嵌入的对象"对话框。选择云盘中的"Ch05 > 制作'三餐'美食 App > 制作'三餐'美食 App 详情页 > 素材 > 10"文件，单击"置入"按钮，将图标置入图像窗口中，再将其拖曳到适当的位置并调整大小，按"Enter"键确认操作，效果如图 5-245 所示，在"图层"控制面板中生成新的图层并将其命名为"展开"。

图 5-243　　　　　　　　图 5-244　　　　　　　　图 5-245

（48）选择"矩形工具" □，在属性栏中将"填充"设为黑色，"描边"设为无颜色。在图像窗口中适当的位置绘制矩形，在"图层"控制面板中生成新的形状图层"矩形 12"。在"属性"面板中进行设置，如图 5-246 所示。按"Enter"键确认操作，效果如图 5-247 所示。

（49）选择"文件 > 置入嵌入对象"命令，弹出"置入嵌入的对象"对话框。选择云盘中的"Ch05 > 制作'三餐'美食 App > 制作'三餐'美食 App 详情页 > 素材 > 11"文件，单击"置入"按钮，将图片置入图像窗口中，再将其拖曳到适当的位置并调整大小，按"Enter"键确认操作，在"图层"控制面板中生成新的图层并将其命名为"礼盒 1"。按"Alt+Ctrl+G"组合键，为"礼盒 1"图层创建剪贴蒙版，效果如图 5-248 所示。

（50）选择"横排文字工具" T，在适当的位置分别输入需要的文字并选择文字。在"字符"面板中，将"颜色"分别设为深灰色（51,51,51）和中红色（255,75,52），并分别设置合适的字体和字号，按"Enter"键确认操作，效果如图 5-249 所示，在"图层"控制面板中分别生成新的文字图层。

（51）选择"文件 > 置入嵌入对象"命令，弹出"置入嵌入的对象"对话框。选择云盘中的"Ch05 > 制作'三餐'美食 App > 制作'三餐'美食 App 详情页 > 素材 > 14"文件，单击"置入"按钮，将图标置入图像窗口中，再将其拖曳到适当的位置并调整大小，按"Enter"键确认操作，效果如图 5-250 所示，在"图层"控制面板中生成新的图层并将其命名为"添加"。

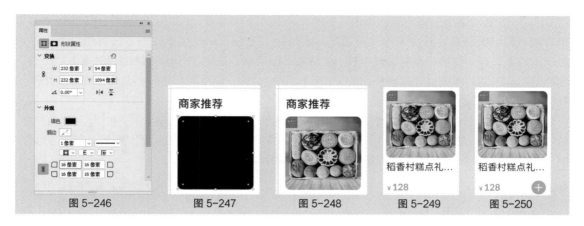

| 图 5-246 | 图 5-247 | 图 5-248 | 图 5-249 | 图 5-250 |

（52）按住"Shift"键的同时单击"矩形 12"图层，将需要的图层同时选择，按"Ctrl+G"组合键，编组图层并将其命名为"糕点礼盒1"，如图 5-251 所示。使用上述的方法制作出图 5-252 所示的效果，在"图层"控制面板中分别生成新的图层组。按住"Shift"键的同时单击"矩形 11 拷贝"图层，将需要的图层同时选择，按"Ctrl+G"组合键，编组图层并将其命名为"商家推荐"，如图 5-253 所示。

| 图 5-251 | 图 5-252 | 图 5-253 |

（53）选择"视图 > 新建参考线"命令，弹出"新建参考线"对话框，具体设置如图 5-254 所示。单击"确定"按钮，完成参考线的创建。

（54）选择"矩形工具" □，在属性栏中将"填充"设为月灰色（244,245,247），"描边"设为无颜色。在图像窗口中适当的位置绘制矩形，如图 5-255 所示，在"图层"控制面板中生成新的形状图层"矩形 13"。

（55）选择"文件 > 置入嵌入对象"命令，弹出"置入嵌入的对象"对话框。选择云盘中的"Ch05 > 制作'三餐'美食 App > 制作'三餐'美食 App 详情页 > 素材 > 15"文件，单击"置入"按钮，将图标置入图像窗口中，再将其拖曳到适当的位置并调整大小，按"Enter"键确认操作，效果如图 5-256 所示，在"图层"控制面板中生成新的图层并将其命名为"必选"。

（56）选择"横排文字工具" T，在适当的位置输入需要的文字并选择文字。在"字符"面板中，将"颜色"设为灰色（153,153,153），并设置合适的字体和字号，按"Enter"键确认操作，效果如图 5-257 所示，在"图层"控制面板中生成新的文字图层。

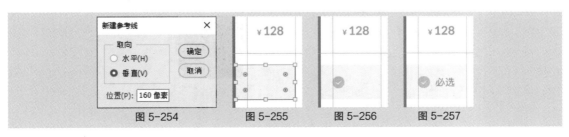

| 图 5-254 | 图 5-255 | 图 5-256 | 图 5-257 |

（57）按住"Shift"键的同时单击"矩形 13"图层，将需要的图层同时选择，按"Ctrl+G"组合键，编组图层并将其命名为"必选"，如图 5-258 所示。使用上述的方法制作出图 5-259 所示的效果，在"图层"控制面板中分别生成新的图层组。按住"Shift"键的同时单击"必选"图层组，将需要的图层组同时选择，按"Ctrl+G"组合键，编组图层组并将其命名为"分类"，如图 5-260 所示。

（58）选择"横排文字工具" T.，在适当的位置输入需要的文字并选择文字。在"字符"面板中，将"颜色"设为深灰色（51,51,51），并设置合适的字体和字号，按"Enter"键确认操作，效果如图 5-261 所示，在"图层"控制面板中生成新的文字图层。

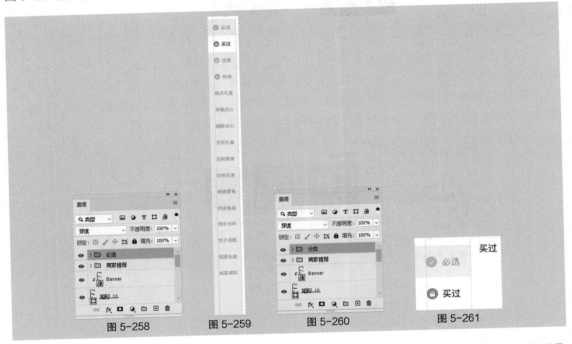

| 图 5-258 | 图 5-259 | 图 5-260 | 图 5-261 |

（59）选择"矩形工具" □，在属性栏中将"填充"设为黑色，"描边"设为无颜色。在图像窗口中适当的位置绘制矩形，在"图层"控制面板中生成新的形状图层"矩形 14"。在"属性"面板中进行设置，如图 5-262 所示。按"Enter"键确认操作，效果如图 5-263 所示。

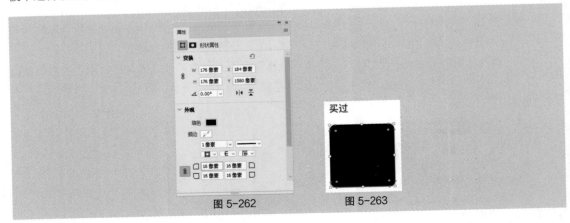

| 图 5-262 | 图 5-263 |

（60）选择"文件 > 置入嵌入对象"命令，弹出"置入嵌入的对象"对话框。选择云盘中的"Ch05 > 制作'三餐'美食 App > 制作'三餐'美食 App 详情页 > 素材 > 19"文件，单击"置入"按钮，将图片置入图像窗口中，再将其拖曳到适当的位置并调整大小，按"Enter"键确认操作，在"图层"控制面板中生成新的图层并将其命名为"枣花酥"。按"Alt+Ctrl+G"组合键，为"枣花酥"图层创建剪贴蒙版，效果如图 5-264 所示。

（61）选择"横排文字工具" T.，在适当的位置分别输入需要的文字并选择文字。在"字符"面板中，将"颜色"分别设为深灰色（51,51,51）、灰色（153,153,153）和中红色（255,75,52），并分别设置合适的字体和字号，按"Enter"键确认操作，效果如图 5-265 所示，在"图层"控制面板中分别生成新的文字图层。

图 5-264　　　　　　　　　　图 5-265

（62）选择"文件 > 置入嵌入对象"命令，弹出"置入嵌入的对象"对话框。选择云盘中的"Ch05 > 制作'三餐'美食 App > 制作'三餐'美食 App 详情页 > 素材 > 14"文件，单击"置入"按钮，将图标置入图像窗口中，再将其拖曳到适当的位置并调整大小，按"Enter"键确认操作，效果如图 5-266 所示，在"图层"控制面板中生成新的图层并将其命名为"添加"。

（63）按住"Shift"键的同时单击"矩形 14"图层，将需要的图层同时选择，按"Ctrl+G"组合键，编组图层并将其命名为"枣花酥"，如图 5-267 所示。使用上述的方法制作出图 5-268 所示的效果，在"图层"控制面板中分别生成新的图层组。按住"Shift"键的同时单击"评价"图层组，将需要的图层组同时选择，按"Ctrl+G"组合键，编组图层组并将其命名为"内容区"。

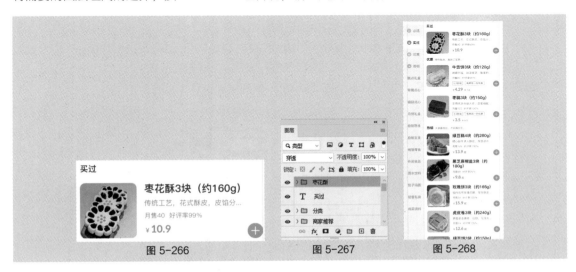

图 5-266　　　　　　　　　　图 5-267　　　　　　　　　　图 5-268

（64）选择"视图 > 新建参考线"命令，弹出"新建参考线"对话框，具体设置如图 5-269 所示。使用相同的方法再次新建一条水平参考线，具体设置如图 5-270 所示。分别单击"确定"按钮，完成参考线的创建。

（65）选择"矩形工具" ，在属性栏中将"填充"设为白色，"描边"设为无颜色。在图像窗口中适当的位置绘制矩形，如图5-271所示，在"图层"控制面板中生成新的形状图层"矩形16"。

图 5-269　　　　图 5-270　　　　　　　　图 5-271

（66）再次绘制一个矩形，在"图层"控制面板中生成新的形状图层"矩形17"。在属性栏中将"填充"设为淡橙色（255,228,204），"描边"设为无颜色。在"属性"面板中进行设置，如图5-272所示。按"Enter"键确认操作，效果如图5-273所示。

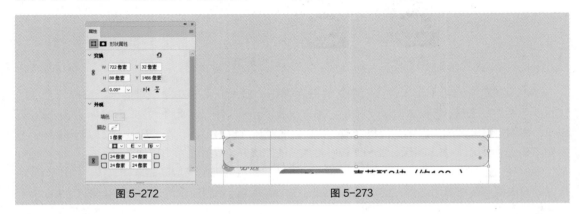

图 5-272　　　　　　　　　　　　图 5-273

（67）选择"横排文字工具" T，在适当的位置输入需要的文字并选择文字。在"字符"面板中，将"颜色"分别设为深灰色（51,51,51），并设置合适的字体和字号，按"Enter"键确认操作，效果如图5-274所示，在"图层"控制面板中生成新的文字图层。

（68）选择"矩形工具" ，在属性栏中将"填充"设为深灰色（51,51,51），"描边"设为无颜色。在图像窗口中适当的位置绘制矩形，在"图层"控制面板中生成新的形状图层"矩形18"。在"属性"面板中进行设置，如图5-275所示，按"Enter"键确认操作。

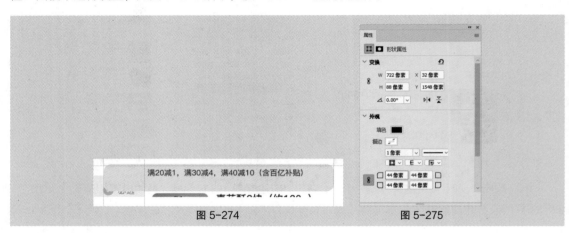

图 5-274　　　　　　　　　　　　图 5-275

（69）选择"文件 > 置入嵌入对象"命令，弹出"置入嵌入的对象"对话框。选择云盘中的"Ch05 > 制作'三餐'美食 App > 制作'三餐'美食 App 详情页 > 素材 > 27"文件，单击"置入"按钮，将图标置入图像窗口中，再将其拖曳到适当的位置并调整大小，按"Enter"键确认操作，效果如图 5-276 所示，在"图层"控制面板中生成新的图层并将其命名为"购物车"。

（70）选择"横排文字工具" **T.**，在适当的位置输入需要的文字并选择文字。在"字符"面板中，将"颜色"设为白色，并设置合适的字体和字号，按"Enter"键确认操作，效果如图 5-277 所示，在"图层"控制面板中生成新的文字图层。

（71）选择"直线工具" **/**，在属性栏中将"填充"设为淡灰色（175,177,182），"描边"设为无颜色，"H"设为 1 像素，按住"Shift"键的同时，在适当的位置绘制一条竖线，效果如图 5-278 所示，在"图层"控制面板中生成新的形状图层"直线 1"。

图 5-276　　　　　图 5-277　　　　　图 5-278

（72）选择"横排文字工具" **T.**，在适当的位置分别输入需要的文字并选择文字。在"字符"面板中，将"颜色"设为淡灰色（175,177,182），并分别设置合适的字体和字号，按"Enter"键确认操作，效果如图 5-279 所示，在"图层"控制面板中分别生成新的文字图层。按住"Shift"键的同时单击"矩形 16"图层，将需要的图层同时选择，按"Ctrl+G"组合键，编组图层并将其命名为"购物车"，如图 5-280 所示。

图 5-279　　　　　　　　　　图 5-280

（73）选择"文件 > 置入嵌入对象"命令，弹出"置入嵌入的对象"对话框。选择云盘中的"Ch05 > 制作'三餐'美食 App > 制作'三餐'美食 App 详情页 > 素材 > 28"文件，单击"置入"按钮，将图片置入图像窗口中，再将其拖曳到适当的位置，按"Enter"键确认操作，效果如图 5-281 所示，在"图层"控制面板中生成新的图层并将其命名为"Home Indicator"。至此，"三餐"美食 App 详情页制作完成。

图 5-281

6. 制作"三餐"美食 App 个人中心页

（1）按"Ctrl+N"组合键，弹出"新建文档"对话框，将"宽度"设为 786 像素，"高度"设为 1704 像素，"分辨率"设为 72 像素 / 英寸，"背景内容"设为淡灰色（244,244,244），如图 5-282 所示。单击"创建"按钮，完成文档新建。

（2）选择"视图 > 新建参考线版面"命令，弹出"新建参考线版面"对话框，具体设置如图 5-283 所示。单击"确定"按钮，完成参考线版面的创建。

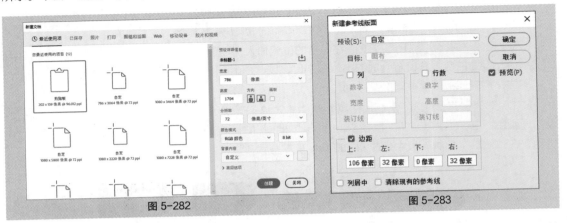

图 5-282　　　　　　　　　　　　　　　　　　图 5-283

（3）选择"文件 > 置入嵌入对象"命令，弹出"置入嵌入的对象"对话框。选择云盘中的 "Ch05 > 制作'三餐'美食 App > 制作'三餐'美食 App 个人中心页 > 素材 > 01"文件，单击"置入"按钮，将图片置入图像窗口中，再将其拖曳到适当的位置，按"Enter"键确认操作，效果如图 5-284 所示，在"图层"控制面板中生成新的图层并将其命名为"状态栏"。

（4）选择"视图 > 新建参考线"命令，弹出"新建参考线"对话框，具体设置如图 5-285 所示。单击"确定"按钮，完成参考线的创建。

（5）选择"椭圆工具" ⬭，在属性栏中将"选择工具模式"设为"形状"，"填充"设为黑色，"描边"设为无颜色。按住"Shift"键的同时，在图像窗口中适当的位置绘制圆形，效果如图 5-286 所示，在"图层"控制面板中生成新的形状图层"椭圆 1"。

图 5-284　　　　　　　　图 5-285　　　　　　图 5-286

（6）选择"文件 > 置入嵌入对象"命令，弹出"置入嵌入的对象"对话框。选择云盘中的 "Ch05 > 制作'三餐'美食 App > 制作'三餐'美食 App 个人中心页 > 素材 > 02"文件，单击"置入"按钮，将图片置入图像窗口中，再将其拖曳到适当的位置并调整大小，按"Enter"键确认操作，在"图层"控制面板中生成新的图层并将其命名为"头像"。按"Alt+Ctrl+G"组合键，为"头像"图层创建剪贴蒙版，效果如图 5-287 所示。

（7）选择"横排文字工具" Ｔ，在适当的位置分别输入需要的文字并选择文字。选择"窗口 > 字符"命令，弹出"字符"面板，将"颜色"分别设为深灰色（51,51,51）和灰色（153,153,153），并分别设置合适的字体和字号，按"Enter"键确认操作，效果如图 5-288 所示，在"图层"控制面板中分别生成新的文字图层。

（8）选择"文件 > 置入嵌入对象"命令，弹出"置入嵌入的对象"对话框。选择云盘中的 "Ch05 > 制作'三餐'美食 App > 制作'三餐'美食 App 个人中心页 > 素材 > 03"文件，单击"置入"

按钮，将图标置入图像窗口中，再将其拖曳到适当的位置并调整大小，按"Enter"键确认操作，在"图层"控制面板中生成新的图层并将其命名为"设置"。使用相同的方法置入"04"文件，按"Enter"键确认操作，效果如图5-289所示，在"图层"控制面板中生成新的图层并将其命名为"通知"。

图 5-287　　　　图 5-288　　　　　　图 5-289

（9）按住"Shift"键的同时单击"椭圆1"图层，将需要的图层同时选择，按"Ctrl+G"组合键，编组图层并将其命名为"个人信息"，如图5-290所示。

（10）选择"视图 > 新建参考线"命令，弹出"新建参考线"对话框，具体设置如图5-291所示。单击"确定"按钮，完成参考线的创建。

（11）选择"文件 > 置入嵌入对象"命令，弹出"置入嵌入的对象"对话框。选择云盘中的"Ch05 > 制作'三餐'美食App > 制作'三餐'美食App个人中心页 > 素材 > 05"文件，单击"置入"按钮，将图片置入图像窗口中，再将其拖曳到适当的位置，按"Enter"键确认操作，效果如图5-292所示，在"图层"控制面板中生成新的图层并将其命名为"Banner"。

图 5-290　　　　　　　图 5-291　　　　　　图 5-292

（12）选择"视图 > 新建参考线"命令，弹出"新建参考线"对话框，具体设置如图5-293所示。使用相同的方法再次新建一条水平参考线，具体设置如图5-294所示。分别单击"确定"按钮，完成参考线的创建。

（13）选择"矩形工具" □ ，在属性栏中将"填充"设为白色，"描边"设为无颜色。在图像窗口中适当的位置绘制矩形，在"图层"控制面板中生成新的形状图层"矩形1"。在"属性"面板中进行设置，如图5-295所示。按"Enter"键确认操作，效果如图5-296所示。

（14）选择"横排文字工具" **T.** ，在适当的位置输入需要的文字并选择文字。在"字符"面板中，将"颜色"设为深灰色（43,46,52），并设置合适的字体和字号，按"Enter"键确认操作，效果如图5-297所示，在"图层"控制面板中生成新的文字图层。

（15）选择"文件 > 置入嵌入对象"命令，弹出"置入嵌入的对象"对话框。选择云盘中的"Ch05 > 制作'三餐'美食App > 制作'三餐'美食App个人中心页 > 素材 > 06"文件，单击"置入"按钮，将图标置入图像窗口中，再将其拖曳到适当的位置并调整大小，按"Enter"键确认操作，效果如图5-298所示，在"图层"控制面板中生成新的图层并将其命名为"红包"。

| 图 5-295 | 图 5-296 | 图 5-297 | 图 5-298 |

（16）单击"图层"控制面板下方的"添加图层样式"按钮 fx，在弹出的菜单中选择"渐变叠加"命令，弹出"图层样式"对话框。单击"渐变"选项右侧的"点按可编辑渐变"按钮 ，弹出"渐变编辑器"对话框。在"位置"选项中分别输入 0、100 两个位置点，分别设置两个位置点的"颜色"为 0（255,148,48）、100（255,109,0），如图 5-299 所示。单击"确定"按钮，返回"图层样式"对话框，其他选项的设置如图 5-300 所示。单击"确定"按钮，效果如图 5-301 所示。

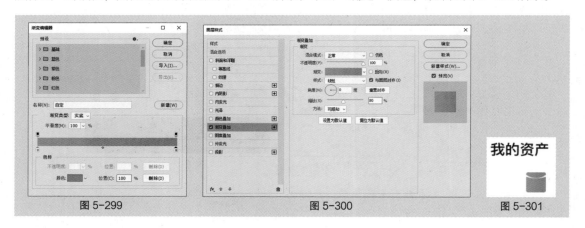

| 图 5-299 | 图 5-300 | 图 5-301 |

（17）选择"横排文字工具" T ，在适当的位置输入需要的文字并选择文字。在"字符"面板中，将"颜色"设为深灰色（43,46,52），并设置合适的字体和字号，按"Enter"键确认操作，效果如图 5-302 所示，在"图层"控制面板中生成新的文字图层。使用相同的方法分别置入图标并输入文字，效果如图 5-303 所示，在图层"控制面板中分别生成新的图层。按住"Shift"键的同时单击"矩形 1"图层，将需要的图层同时选择，按"Ctrl+G"组合键，编组图层并将其命名为"我的资产"，如图 5-304所示。

| 图 5-302 | 图 5-303 | 图 5-304 |

（18）选择"视图 > 新建参考线"命令，弹出"新建参考线"对话框，具体设置如图 5-305 所示。使用相同的方法再次新建一条水平参考线，具体设置如图 5-306 所示。分别单击"确定"按钮，完成参考线的创建。

图 5-305　　　　图 5-306

（19）选择"矩形工具" □，在属性栏中将"填充"设为白色，"描边"设为无颜色。在图像窗口中适当的位置绘制矩形，在"图层"控制面板中生成新的形状图层"矩形 2"。在"属性"面板中进行设置，如图 5-307 所示。按"Enter"键确认操作，效果如图 5-308 所示。

（20）选择"横排文字工具" T，在适当的位置输入需要的文字并选择文字。在"字符"面板中，将"颜色"设为深灰色（43,46,52），并设置合适的字体和字号，按"Enter"键确认操作，效果如图 5-309 所示，在"图层"控制面板中生成新的文字图层。

（21）选择"文件 > 置入嵌入对象"命令，弹出"置入嵌入的对象"对话框。选择云盘中的"Ch05 > 制作'三餐'美食 App > 制作'三餐'美食 App 个人中心页 > 素材 > 09"文件，单击"置入"按钮，将图标置入图像窗口中，再将其拖曳到适当的位置并调整大小，按"Enter"键确认操作，效果如图 5-310 所示，在"图层"控制面板中生成新的图层并将其命名为"全部"。

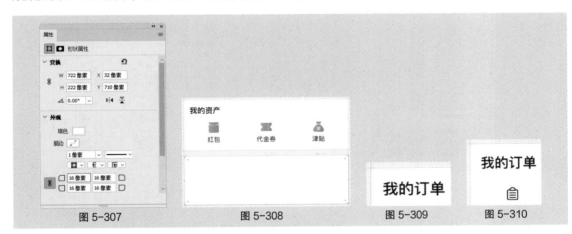

图 5-307　　　　图 5-308　　　　图 5-309　　　　图 5-310

（22）选择"横排文字工具" T，在适当的位置输入需要的文字并选择文字。在"字符"面板中，将"颜色"设为深灰色（43,46,52），并设置合适的字体和字号，按"Enter"键确认操作，效果如图 5-311 所示，在"图层"控制面板中生成新的文字图层。按住"Shift"键的同时单击"全部"图层，将需要的图层同时选择，按"Ctrl+G"组合键，编组图层并将其命名为"全部"，如图 5-312 所示。使用相同的方法分别置入图标并输入文字，效果如图 5-313 所示，在图层"控制面板中分别生成新的图层。

（23）选择"椭圆工具" ○，在属性栏中将"填充"设为红色（255,25,0），"描边"设为无颜色。按住"Shift"键的同时，在图像窗口中适当的位置绘制圆形，在"图层"控制面板中生成新的形状图层"椭圆 2"。

（24）选择"横排文字工具" T，在适当的位置输入需要的文字并选择文字。在"字符"面板中，将"颜色"设为白色，并设置合适的字体和字号，按"Enter"键确认操作，效果如图 5-314 所示，在"图层"控制面板中生成新的文字图层。

（25）按住"Shift"键的同时单击"矩形 2"图层，将需要的图层同时选择，按"Ctrl+G"组合键，编组图层并将其命名为"我的订单"，如图 5-315 所示。

图 5-311 图 5-312 图 5-313 图 5-314 图 5-315

（26）选择"视图 > 新建参考线"命令，弹出"新建参考线"对话框，具体设置如图 5-316 所示。使用相同的方法再次新建一条水平参考线，具体设置如图 5-317 所示。分别单击"确定"按钮，完成参考线的创建。

（27）选择"矩形工具" □，在属性栏中将"填充"设为白色，"描边"设为无颜色。在图像窗口中适当的位置绘制矩形，在"图层"控制面板中生成新的形状图层"矩形 3"。在"属性"面板中进行设置，如图 5-318 所示，按"Enter"键确认操作。

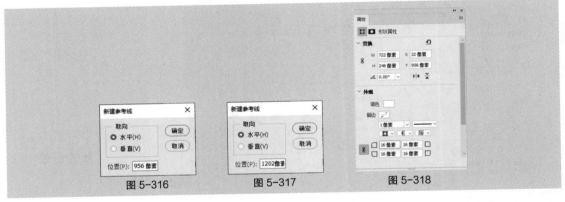

图 5-316   图 5-317   图 5-318

（28）选择"横排文字工具" T.，在适当的位置分别输入需要的文字并选择文字。在"字符"面板中，将"颜色"设为深灰色（43,46,52）和重灰色（65,68,73），并分别设置合适的字体和字号，按"Enter"键确认操作，效果如图 5-319 所示，在"图层"控制面板中分别生成新的文字图层。

（29）选择"文件 > 置入嵌入对象"命令，弹出"置入嵌入的对象"对话框。选择云盘中的"Ch05 > 制作'三餐'美食 App > 制作'三餐'美食 App 个人中心页 > 素材 > 13"文件，单击"置入"按钮，将图标置入图像窗口中，再将其拖曳到适当的位置并调整大小，按"Enter"键确认操作，效果如图 5-320 所示，在"图层"控制面板中生成新的图层并将其命名为"展开"。

图 5-319   图 5-320

（30）选择"横排文字工具" T.，在适当的位置分别输入需要的文字并选择文字。在"字符"面板中，将"颜色"设为深灰色（43,46,52）和灰色（153,153,153），并分别设置合适的字体和字号，按"Enter"键确认操作，效果如图 5-321 所示，在"图层"控制面板中分别生成新的文字图层。

按住"Shift"键的同时单击"9.5"图层，将需要的图层同时选择，按"Ctrl+G"组合键，群组图层并将其命名为"免费领红包"。

（31）使用相同的方法分别置入图标，输入文字并编组图层，效果如图 5-322 所示，在"图层"控制面板中分别生成新的图层组。按住"Shift"键的同时单击"免费领红包"图层组，将需要的图层组同时选择，按"Ctrl+G"组合键，编组图层组并将其命名为"我的钱包"，如图 5-323 所示。

（32）选择"视图 > 新建参考线"命令，弹出"新建参考线"对话框，具体设置如图 5-324 所示。使用相同的方法再次新建一条水平参考线，具体设置如图 5-325 所示。分别单击"确定"按钮，完成参考线的创建。

图 5-321　　　　　图 5-322　　　　　　图 5-323　　　　　图 5-324　　　　　图 5-325

（33）选择"矩形工具"□，在属性栏中将"填充"设为白色，"描边"设为无颜色。在图像窗口中适当的位置绘制矩形，在"图层"控制面板中生成新的形状图层"矩形 4"。在"属性"面板中进行设置，如图 5-326 所示，按"Enter"键确认操作。

（34）选择"横排文字工具"T，在适当的位置输入需要的文字并选择文字。在"字符"面板中，将"颜色"设为深灰色（43,46,52），并设置合适的字体和字号，按 Enter 键确认操作，效果如图 5-327 所示，在"图层"控制面板中生成新的文字图层。

（35）选择"文件 > 置入嵌入对象"命令，弹出"置入嵌入的对象"对话框。选择云盘中的"Ch05 > 制作'三餐'美食 App > 制作'三餐'美食 App 个人中心页 > 素材 > 14"文件，单击"置入"按钮，将图标置入图像窗口中，再将其拖曳到适当的位置并调整大小，按"Enter"键确认操作，效果如图 5-328 所示，在"图层"控制面板中生成新的图层并将其命名为"地址"。

（36）选择"横排文字工具"T，在适当的位置输入需要的文字并选择文字。在"字符"面板中，将"颜色"设为浓灰色（43,46,52），并设置合适的字体和字号，按"Enter"键确认操作，效果如图 5-329 所示，在"图层"控制面板中生成新的文字图层。按住"Shift"键的同时单击"地址"图层，将需要的图层同时选择，按"Ctrl+G"组合键，编组图层并将其命名为"我的地址"，如图 5-330 所示。

（37）使用相同的方法分别置入图标、输入文字并编组图层，效果如图 5-331 所示，在"图层"控制面板中分别生成新的图层组。按住"Shift"键的同时单击"我的地址"图层组，将需要的图层组同时选择，按"Ctrl+G"组合键，编组图层组并将其命名为"常用功能"，如图 5-332 所示。

（38）选择"视图 > 新建参考线"命令，弹出"新建参考线"对话框，具体设置如图 5-333 所示。使用相同的方法再次新建一条水平参考线，具体设置如图 5-334 所示。分别单击"确定"按钮，完成参考线的创建。

（39）选择"矩形工具"□，在属性栏中将"填充"设为白色，"描边"设为无颜色。在图像窗口中适当的位置绘制矩形，如图 5-335 所示，在"图层"控制面板中生成新的形状图层"矩形 5"。

图 5-326　　　　　　图 5-327　　　　　　图 5-328　　　　　　图 5-329　　　　　　图 5-330

图 5-331　　　　　　　　图 5-332　　　　　　　　图 5-333　　　　　　　　图 5-334

216

（40）按"Ctrl+J"组合键，复制图层，在"图层"控制面板中生成新的形状图层"矩形 5 拷贝"。选择"移动工具" ⊕ ，按住"Shift"键的同时，将其垂直向上拖曳到适当的位置，并调整形状的大小。在"属性"面板中将"填充"设为灰色（153,153,153），在"属性"面板中单击"蒙版"按钮，具体设置如图 5-336 所示，按"Enter"键确认操作。在"图层"控制面板中将"矩形 5 拷贝"图层的"不透明度"设为 40%，并将其拖曳到"矩形 5"图层的下方，如图 5-337 所示，效果如图 5-338 所示。

图 5-335　　　　　　　图 5-336　　　　　　　图 5-337　　　　　　　图 5-338

（41）在"图层"控制面板中选中"矩形 5"图层。选择"文件 > 置入嵌入对象"命令，弹出"置入嵌入的对象"对话框。选择云盘中的"Ch05 > 制作'三餐'美食 App > 制作'三餐'美食 App 个人中心页 > 素材 > 22"文件，单击"置入"按钮，将图片置入图像窗口中，再将其拖曳到适当的位置，按"Enter"键确认操作，如图 5-339 所示，在"图层"控制面板中生成新的图层并将其命名为"标签栏"。

图 5-339

（42）选择"文件 > 置入嵌入对象"命令，弹出"置入嵌入的对象"对话框。选择云盘中的"Ch05 > 制作'三餐'美食 App > 制作'三餐'美食 App 个人中心页 > 素材 > 23"文件，单击"置入"按钮，将图片置入图像窗口中，再将其拖曳到适当的位置，按"Enter"键确认操作，如图 5-340 所示，在"图

图 5-340

层"控制面板中生成新的图层并将其命名为"Home Indicator"。至此，"三餐"美食 App 个人中心页制作完成。

5.8　课堂练习——制作"侃侃"社交 App

【练习知识要点】使用"矩形工具""椭圆工具""直线工具"绘制形状，使用"置入嵌入对象"命令置入图片和图标，使用"创建剪贴蒙版"命令调整图片显示区域，使用"颜色叠加"命令和"渐变叠加"命令添加效果，使用"属性"面板制作弥散投影，使用"横排文字工具"输入文字，效果如图 5-341 所示。

【效果所在位置】云盘 >Ch05> 制作"侃侃"社交 App。

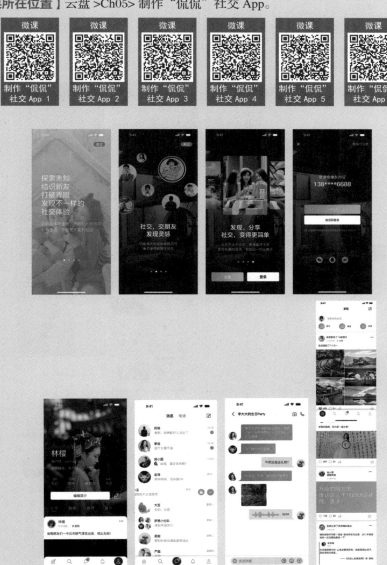

图 5-341

5.9 课后习题——制作"潮货"电商 App

【习题知识要点】使用"矩形工具""椭圆工具""直线工具"绘制形状，使用"置入嵌入对象"命令置入图片和图标，使用"创建剪贴蒙版"命令调整图片显示区域，使用"颜色叠加"命令和"渐变叠加"命令添加效果，使用"属性"面板制作弥散投影，使用"横排文字工具"输入文字，效果如图 5-342 所示。

【效果所在位置】云盘 >Ch05> 制作"潮货"电商 App。

图 5-342